ZHENGTI XINGXIANG SHEJI

整体形象设计

第三版

周生力 梁 义 主 编
钟桂尧 安婷婷 副主编

化学工业出版社
· 北京 ·

内容简介

本书主要是针对整体形象设计的学习，从概念出发，诠释了整体形象设计是运用视觉元素来塑造人的外观，通过化妆、发型、服饰、言谈举止等综合营造，设计出符合人物身份、修养、职业、年龄的整体形象，最后以生活形象塑造、职业形象塑造、舞台影视形象塑造、创意形象塑造等具体案例进行阐述与讲解。全书以知识模块和案例呈现，模块间相互联系、层层递进，强调对学习者素质全方位的培养，有效提升其创造能力与实践能力。

本书适合于职业院校人物形象设计专业师生作为教材使用，也可供服装与服饰设计、旅游服务、航空服务、播音与主持艺术等相关专业及大学生素质修养课用书，以及相关行业从业人员及大众读者使用。

图书在版编目（CIP）数据

整体形象设计/周生力，梁义主编. —3版.
北京：化学工业出版社，2024. 8（2025. 7重印）. —ISBN 978-7-122-45820-9

I. B834. 3

中国国家版本馆CIP数据核字第2024012EG5号

责任编辑：李彦玲　　文字编辑：李　曦
责任校对：宋　玮　　装帧设计：王晓宇

出版发行：化学工业出版社
（北京市东城区青年湖南街13号　邮政编码100011）
印　　装：天津市银博印刷集团有限公司
787mm×1092mm　1/16　印张 $7^1/_2$　字数165千字
2025年7月北京第3版第3次印刷

购书咨询：010-64518888　　售后服务：010-64518899
网　　址：http://www.cip.com.cn
凡购买本书，如有缺损质量问题，本社销售中心负责调换。

定　　价：49.80元

前言

PREFACE

《整体形象设计》教材出版以来，在服务于职业院校人物形象设计专业的同时，还成为服装与服饰设计、旅游服务、航空服务、播音与主持艺术等相关专业及大学生素质修养课用书，受到了众多院校与读者的欢迎与肯定。

为贯彻党的二十大精神及新时代职业教育教材的新要求，以及用书院校与老师的反馈建议，本书进行了第三版修订。本次修订秉承创新理念，以知识模块和任务呈现，模块间相互联系、层层递进，部分实践模块增加了相应的任务案例并对图片进行了更新。在编写相应模块时对部分内容进行了删减处理，避免了与专业先导课程内容的重复。教材强调对学生专业素质全方位的培养，突出学生的创造能力与实践能力。对全面提升人物形象设计职业教育教学质量，促进学生提升技能，服务人物形象设计产业等具有一定的指导意义。

本书的出版凝聚了参编院校和企业所有编写人员的智慧和心血，在此，感谢常州纺织服装职业技术学院、北海职业学院、湖北科技职业学院、浙江纺织服装职业技术学院、重庆城市管理职业学院等院校的老师和同仁们，感谢大连梁义形象设计工坊有限公司、泉州兰陵服饰造型设计中心，是你们为教材的修订提供了相关教学和实践资料等。本书由国家一级舞美设计师、常州纺织服装职业技术学院教授周生力，全国化妆技术能手、中国杂技金菊奖（服饰造型）获得者、大连梁义形象设计工坊有限公司艺术总监梁义共同主编；泉州兰陵服饰造型设计有限公司艺术总监、全国技术能手钟桂尧、湖北科技职业学院安婷婷任副主编，常州纺织服装职业技术学院许东春、北海职业学院吴元婵参编。期望《整体形象设计》的编写和出版，能够及时将新技术、新工艺、新规范纳入人物形象设计专业教学标准和教学过程，为学校和企业深度合作，推动校企共议课程开发提供参考和借鉴。教材修订中得到全国职业院校美育联盟秘书长、常州纺织服装职业技术学院文化传承与创新中心主任顾明智教授的大力支持和指导，并对书稿进行了审阅、提出了宝贵意见。

由于编者水平有限，时间仓促，且国内缺乏此类参考书籍，部分知识内容可能存在不足与疏漏之处，敬请各界专家和读者批评指正。

周生力
2024 年

目录 CONTENTS

模块三　整体形象的美发造型　027

模块四　整体形象的化妆造型　043

模块五　整体形象的服饰搭配　058

整体形象设计认知

素质目标

通过分析整体形象设计的要素，阐释形象设计的社会功能，引导学生认识内在美德和外在形象应协调统一，理解美育德育在形象塑造中的重要作用，培养学生通过形象设计来展现自我价值的意识，从而帮助学生塑造良好的个人形象，树立积极的人生观。

学习目标

通过本模块内容的学习，使学生了解整体形象设计的概念、意义，熟悉整体形象的构成要素，掌握整体形象的信息传递和接收途径。

整体形象是指社会公众对个体的总体印象和评价。它是个人内在素质和外在表现的综合体现。这个概念起源于1950年的美国，当时美国社会对个人的声誉非常重视，尤其是工商企业界和政界人士，他们开始积极地塑造良好的个人形象。

“形象设计”一词最初源自舞台美术，后来被引入时装表演领域。它指的是为时装表演中的模特设计发型、妆容和服饰的整体组合。随后，形象设计发展为一种为特定消费者提供类似服务的行业。由于形象设计不仅满足了消费者的市场需求，而且化妆美容用品和服装厂商也可以借助它作为促销手段，因此在国际上迅速发展起来。

在欧美地区，形象设计已经与商业紧密结合，成为一个与生活密切相关的产业。它的设计形式已经发展到了生活设计的阶段，即以人为本，旨在创造新的生活方式，满足个人个性化需求，并对人的思想和行为进行深入研究。

通过塑造良好的整体形象，个体能够在社会中获得更多的认同和好评。无论是在个人生活中还是商业领域，形象设计都具有重要的意义。

单元一 整体形象概念认知

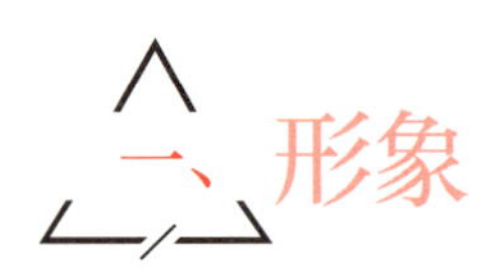

一、形象

根据《现代汉语词典》的解释，“形象”是指能够引起人的思想或情感活动的具体形状或姿态。通俗来说，形象是一个人的相貌、体态、服饰、行为、风度、礼仪、品质、心灵、情操等可感知的视觉化综合表现。形象能够展现一个人的审美情趣、价值观和人生观，体现每个人独特的风格，是对某个人或事物的记忆、印象、评价和态度的总和，能够使人对某个事物或他人产生特殊感情的影像。形象是人的内在素质和外形表现的综合反映，是形、神、质的完美结合。

广义上，形象可以指人和物，包括社会和自然环境以及景物；狭义上专指具体人的形体、相貌、气质、行为，以及思想品德所构成的综合整体形象。

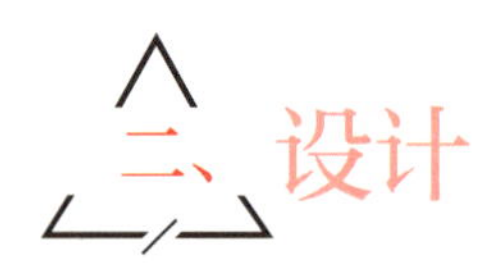

二、设计

根据《汉语大词典》的解释，“设计”是指根据一定要求，对某项工作预先制订图样、方案。设计与纯美术不同，它是一个从计划到蓝图，再根据蓝图经过工艺流程加工制作的完整过程。创意是设计的灵魂，设计的目的是通过不同的手段来表现新的形象。

三、整体形象设计

整体形象设计是研究人的外观与造型的视觉传达设计，是艺术与设计的交叉学科，又称为整体形象塑造。整体形象设计运用视觉元素来塑造人的外观，并通过视觉冲击形成视觉优选，从而引起心理美感和判断的综合性视觉传达设计。它将美学、美容、化妆、美发、美体、美甲、服饰装扮、仪态语言等综合在一起，运用造型艺术手段，通过美容化妆、发型设计、服饰搭配、言谈举止等综合营造，设计出符合人物身份、修养、职业和年龄的个性形象。总体来说，整体形象设计涉及对一个人从内到外、从头到脚的全方位塑造，以达到人物内在素质与外在形象的完美结合。

四、整体形象设计的原则

1. 统一性

整体形象设计的统一性是非常重要的。通过合理组合和配置视觉要素，确保整体造型具有和谐的美感和完美的统一。在塑造形象的过程中，需要始终以整体造型风格为基准，将各个组成要素的规律性和目的性相互统一，以展现形象设计的内在品质和价值。

在整体风格统一的基础上，需要适当改变局部造型，而不是简单地堆砌。要学会取其精华，化繁为简，在主次分明的多样化中呈现和谐的统一。这意味着在整体风格的框架下，可以对局部进行一些创新和变化，但要保持整体的统一性和协调性。

形象设计是指为了满足消费者的实际需求，并将实用性与审美性完美结合的一种行为。它涉及化妆、发型、服饰等多个方面，在创作过程中需要运用人物造型、色彩知识、服饰搭配等美学原理，根据形象的定位和不同要求，综合考虑各个方面的因素，以创作出最佳的形象。

作为艺术设计的一部分，人物形象设计具有独特的审美特质。它的创作目的不仅仅是追求深层次的艺术价值和感官刺激，更注重审美价值与实用价值的有机结合。在创作过程中，需要注意局部与整体造型的风格相互关联，避免视觉效果的紊乱。例如，在为一个戏剧型女性设计整体形象时，选择古典式的发型风格可能会与模特本身的内在气质不协调，因此需要注意在整体风格中保持统一性。

总之，整体形象设计的统一性是确保形象具有和谐美感和完美组合的关键。在创作过程中，需要以整体风格为基准，将各个组成要素统一起来，同时注意局部与整体的协调性，以展现出最佳的形象效果。

2. 针对性

针对性是整体形象设计中的一个重要考虑因素。在设计过程中，需要考虑目标群体的特点、消费观念、审美观点和价值观念。设计师应该了解目标群体的喜好和需求，以此为基础来确定设计风格和表达形式。同时，还要关注社会的审美意识的主导趋势，遵循社会共同认可的形式美感标准。然而，在符合社会认可的基础上，也应该让个性和普遍性相协调，保持创新与发展。

整体形象设计旨在与特定环境相适应，不仅仅是为了追求单纯的美感，而是要通过外在手段展示个人风格，并体现出全方位的审美价值。在塑造完整的人物形象之前，首先要确定设计风格和类型，然后结合目标群体的特点和审美心理，找到明确的定位，并与需求相结合，从而确定要表达的风格。

总之，整体形象设计必须考虑针对性，同时兼顾社会共同认可的形式美感和个性创新发展，以满足目标群体的需求和审美观念。

单元二　整体形象要素认知

整体形象是指能引起人的思想、情感或审美活动的个人形态或是姿态，它是一个人内在素养的外在表现。从个人的外在形象来看，一个完美的形象设计必须

笔记

要通过精心合理的设计，使一个人的外在形象获得从头到脚的和谐统一，有时一个饰品或是一个造型、块面的色彩都会影响整体形象的效果。整体形象设计的要素包括以下几个方面：体型要素、发型要素、化妆要素、服饰要素、个性要素、心理要素、文化修养要素。

一、体型要素

体型要素是整体形象设计诸要素中最重要的要素之一。良好的形体能为形象设计师施展才华留下广阔的空间。一个好的体型为塑造整体形象提供了坚实的基础。先天条件固然重要，但通过后天的合理饮食、坚持运动，也可以很大程度地塑造身材。此外，一个开朗愉悦的心态也会有利于形体。体型只是整体形象的一个方面，还需要考虑发型、服饰、化妆、饰品等要素的配合。只有各个要素达到协调统一，才能展现最佳状态（图1-1）。

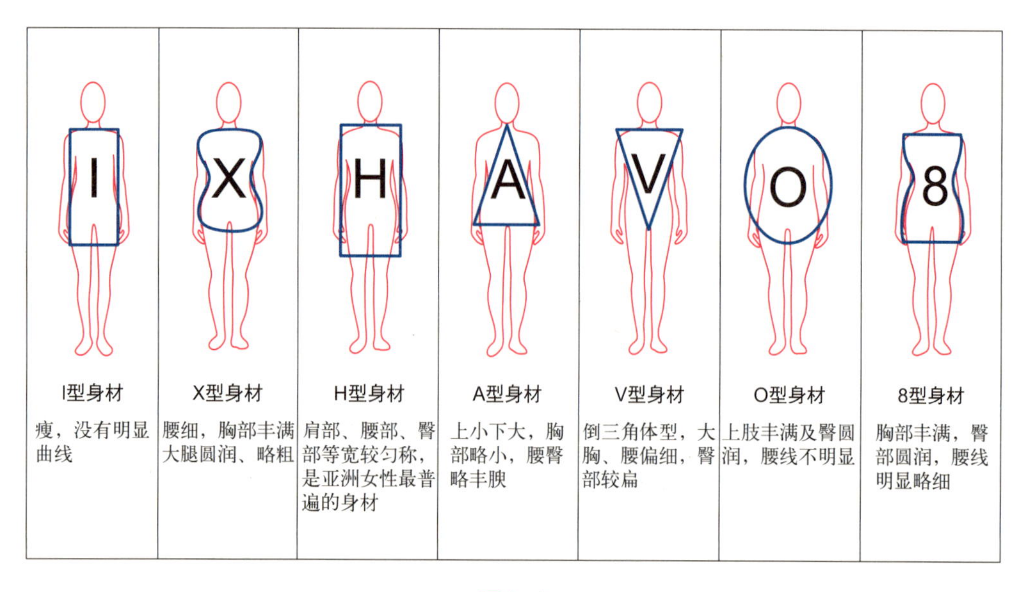

图1-1

二、发型要素

发型要素也是形象设计的重要一环。发型的造型要考虑面部轮廓、发质发色等因素，选择出最衬托自身气质的发型。合适的发型可以最大程度地修饰容貌，突出整体形象的主题和风格。设计发型需要考虑发型的线条、层次、色调等与脸型、头型的匹配。不同时代的发型风格也各有特点，要与时尚风格相结合。从古典的卷发，到复古的大波浪，再到蓬松自然的现代发型，发型的变化反映了时代审美的演变。所以，一个好的发型设计需要设计师既具备审美创作能力，又要对流行趋势有敏锐的洞察力。只有做到与整体形象高度统一，才能发挥发型“画龙点睛”的作用（图 1-2）。

笔记

三、化妆要素

化妆在整体形象设计中起着画龙点睛的作用。化妆作为一种传统而简便的美容手段，它的意义不仅在于美化，也在于展示自我。不同场合使用不同的化妆风格，既可以修饰容貌，又可以体现风格。所以，一个熟练的化妆技巧，加之对整体效果的把握，是优秀形象设计的必备要素。不管何种化妆，都需要与发型、服饰等其他要素协调统一，才能达到最佳的整体形象效果（图 1-3）。

图1-2

图1-3

四、服饰要素

服饰要素在整体形象设计中可以理解为服装和配饰的协调。服装造型在人物形象中占据着很大视觉空间，它既可以修饰体型，又可以体现个人风格。合体的服饰能强调优势、遮掩缺点、展现自我。而配饰更是点睛之笔，能反映个性。服饰的社交属性也很重要。不同场合需要不同装束，这展现了一个人的气质修养。所以，服饰与整体形象的协调统一非常关键。一个好的形象不仅需要把握流行元素，更需要根据场合进行搭配运用，与个人气质相结合，才能体现整体效果（图 1-4）。

H型	A型	T型	V型	Y型	O型	X型
H型是一种平直廓形，弱化了肩腰臀之间的宽度差异，外轮廓似矩形，类似大写字母H；有挺括简洁之感。此类服装放松了腰围，因而能掩饰腰部的臃肿感；H型服饰具有修长、简约、宽松、舒适的特点，常用于衬衫裙、休闲中国风直筒套装裙	A型是一种适度的上窄下宽的平直造型，通过收窄肩部、夸大裙摆而造成一种上小下大的梯形印象，使整个廓形类似大写字母A。常见于大衣、连衣裙、晚礼服，给人修长且优雅活泼的感觉	T型和V型相似。外轮廓较宽松，通常为连体或插肩袖设计，夸张肩部，收缩下摆，其型似大写字母T。常见于女性职业装；T型也是男士服饰的代表。具有潇洒、大方、硬朗的风格；夸张的表演服和前卫服饰也运用比较多	V型肩部较宽，下面逐渐变窄；整体外形夸张，有力度，带有阳刚气，干练。常用于上装，如夹克、T恤、短连衣裙	Y型显示为上宽下窄，通过放大肩部线条扩展视线，收紧下身的比例。整体着重上半身的设计，从上往下的空间量减少，形成Y型轮廓。Y型独特而浪漫，肩部夸张，身形细长，常见短上衣配一步裙	O型夸张肩部，收缩下摆，显示夸张柔和的特点，表现出休闲、舒适的感觉。常用于休闲装、运动装、家居服、孕妇服。由于O型造型肩部吸引视觉，腰部松弛不收腰，可以巧妙地掩饰腰线，适合偏胖的人群	X型是通过夸张肩部、衣裙下摆，收紧腰部，使整体显得上下部分宽松，中间窄小，类似字母X的造型。X型与女性的优美曲线相吻合，可充分展现和强调女性的魅力。通常用于经典风格和淑女风格衣裙

图1-4

五、个性要素

一个人的气质、性格等内在个性，往往可以通过举手投足流露出来。仅仅依靠外在的服饰打扮，而忽视内在个性的塑造，很难达到真正和谐的整体效果。整体形象设计需要注意“形”与“神”的统一。也就是说，在设计外在“硬件”的同时，也要注重内在个性“软件”的培养。只有当一个人的内外在都协调统一时，所展现的形象才会自然和谐，而不会刻意做作。因此，形象设计不仅是外在打扮，更需要内在素质的支撑，以达到最佳效果。

六、心理要素

整体形象设计需要重视内在和外在的统一协调，人的内在心理品质完全取决于后天的培养。优秀的品质、自信开朗的心态，才能真正展现外在形象的魅力。即使有最精致的外在打扮，如果内心自卑、缺乏自信，也很难展现出色的整体形象。所以，在注重外在形象的同时，我们更需要培养内在的心理素质。只有内外兼修，才能在事业和生活中都施展魅力，获得成功。

笔记

七、文化修养要素

文化修养是展现整体形象的内在基础。一个人的言谈举止必然反映其文化素养，而良好的文化修养也会塑造一个人的内在个性和心理品质。在形象设计中，如果将体型要素、服饰要素等视为硬件的话，那么文化修养及心理素质则是软件。硬件可以借助形象设计师来塑造和改善，而软件则需要依靠自身的不断学习和修炼。要达到最佳的整体形象效果，需要两者的有机结合。

单元三　整体形象意义认知

整体形象设计是通过对原有形象的改造和重建，来达到对个人有利的目的，这需要一个过程，不能一蹴而就。在这个过程中，个人自身及其相关的各种要素都会对他人的综合感知产生影响。整体形象信息的传递包含了人本身及与其相关的人物、环境、事由、物品，而他人经由各种渠道接触到，再借由视觉、听觉、嗅觉、触觉接收后，在脑中经个人价值判断所形成的综合性观感。

形象设计反映了人类文明发展的需要，是文明进步的标志。整体形象设计的核心在于帮助个人找到自我，建立自信，提高品位，这是社会发展的必然结果。整体形象设计的最高境界是自然和谐，最高标准是神形兼备，最终目的在于满足人的精神需求，提升生活品质。

一、整体形象的信息传递

1. 相关人物的信息传递

个人的形象不仅取决于自身，也会被与之相关的人所影响。根据“近朱者赤，近墨者黑”的道理，交往最密切的人往往会对我们的形象产生最大影响。所以在形象塑造过程中，与品德高尚、涵养良好的人交往，可以获得正面影响；而不当的人际关系，则可能对我们的整体形象产生负面影响。因此，在形象设计中，不能忽视相关人员对个人形象的传递和影响。

2. 相关环境的信息传递

与人相关的环境设置会反映出很多信息。比如办公室的布置反映工作兴趣，家中的陈设代表个人喜好。这些都构成对个人形象的补充信息。在形象设计时，环境在信息传递中的作用不容忽视。需要考虑利用环境的设置传递积极信息，与个人形象保持一致，以达到更好的效果。

3. 相关事由的信息传递

人在处理相关事件中的表现，也是对外展示形象的方式之一。例如面对突发事件的反应，处理善后工作的方式等。这些与具体事件相关的反应和处理，可以更直接反映一个人的性格、处事原则等，是形象展现的“微观”层面。所以在塑造整体形象时，我们不仅要注重常态下的表现，也要在具体事由中展现积极的正面形象，并与既定形象保持一致。

4. 相关物品的信息传递

除了衣着服饰，人们拥有和使用的其他物品也反映着自身形象。这可能是小到通信设备，大到交通工具。这些相关物品的选择和使用方式，会对他人传达我们的身份、地位、喜好等多方面信息。它们作为物质层面的延伸，与我们的整体形象具有高度一致性。在进行整体形象设计时，合理选择与自身定位相匹配的物品，以及使用方式等，才能使物品传递出与整体形象一致的信息。

二、整体形象的信息接收

1. 信息的视觉接收

视觉是人们最主要的信息接收渠道。色彩、造型等视觉元素可以传达强烈的形象信息。它们常与面部表情、身体语言相结合，直接反映一个人的仪态和风度。比如鲜艳或正式的服装给人精明能干的感觉。容光焕发的面容让人感受健康阳光。得体的举止显示涵养素质。在设计整体形象时，视觉元素与内在品质形成正面的呼应，才能使所传达的形象信息更加立体丰富，给人留下深刻印象。

2. 信息的听觉接收

以声音品质为主的信息通常被听觉系统所接收，这些信息传达的是事件表述和评论，接收系统可以得出沟通技巧方面的结论，也可以上升为事件的态度和情感价值观，最终得出形象结论。人的声音品质和言谈方式，可以传达很多形象信息，通过听觉，可以感知一个人的语速语调，判断其是否温和、果断或专业。语言组织能力反映其沟通技巧和逻辑思维。评论观点折射出其价值观和态度等内在品质。

3. 信息的嗅觉接收

嗅觉在信息传递中发挥着微妙而关键的作用。气味这一隐性因素往往被人们忽视，但它对形象塑造也有一定影响。所以在设计整体形象时，消除身体和口腔的不良气味，选用合适的香水，适当运用嗅觉美化，会让人感觉更加舒适自然。

4. 信息的触觉接收

形象塑造是一个多感官的过程，需要注意每一种感觉信息的协调统一，才能实现最佳效果。在人际交往中，触觉接触也在传递形象信息，尤其在某些仪式化的身体接触中。例如，一个人的握手是否有力、拥抱时是否真诚，都会成为判断对方形象的一个方面。保持身体的清洁、手掌的干燥，选择合适的身体接触方式，都可以为对方传递正面形象信息。

整体形象的信息传递与接收具体如图 1-5 所示。

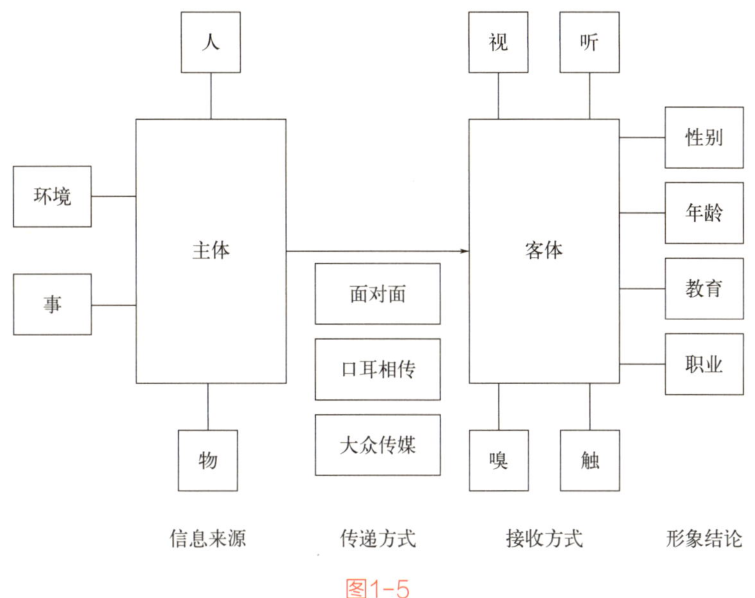

图1-5

三、整体形象设计的意义

通常所说的整体形象设计主要是针对人或物的外表进行包装和塑造。整体形象设计主要包括个人形象、群体形象（含城市形象、国家形象）和以人为核心的外在景观。对个人来说，整体形象设计体现个人内在素质和外在表现；对企业来说，关系企业的品牌形象和竞争力；对城市和国家来说，体现其经济发展实力和国际形象。所以说，在当今社会，无论是个人、企业，还是城市和国家，都应该非常重视整体形象设计，因为这已经成为影响其综合实力的重要一环。需要注意的是，整体形象设计不应流于表面包装，而要透过外在展现内在品质，与自身属性和定位相匹配。既要符合目标受众的期待，也要体现自身的独特个性。因此。整体形象设计不仅个体意义重大，社会意义也不容忽视（图 1-6）。

1. 能给人以自豪感和主观幸福感

整体形象设计的过程是人的本质力量对象化的过程，使人将自己的物质力量和精神力量物化于对象（有时是自身，或结果是自身）的过程。单以个人形象设计来说，设计师通过对个人进行包装和塑造后所呈现的整体效果主要包括人的内在形象设计，如品质、个性、气质、能力等，以及人的外在形象设计，如仪容、仪表、仪态、谈吐等。是综合个人的职业、性格、气质、年龄、体型、脸形、肤色、发质等因素，对一个人全方位多维度地进行美化，通过仪容、仪表、仪态，

笔记

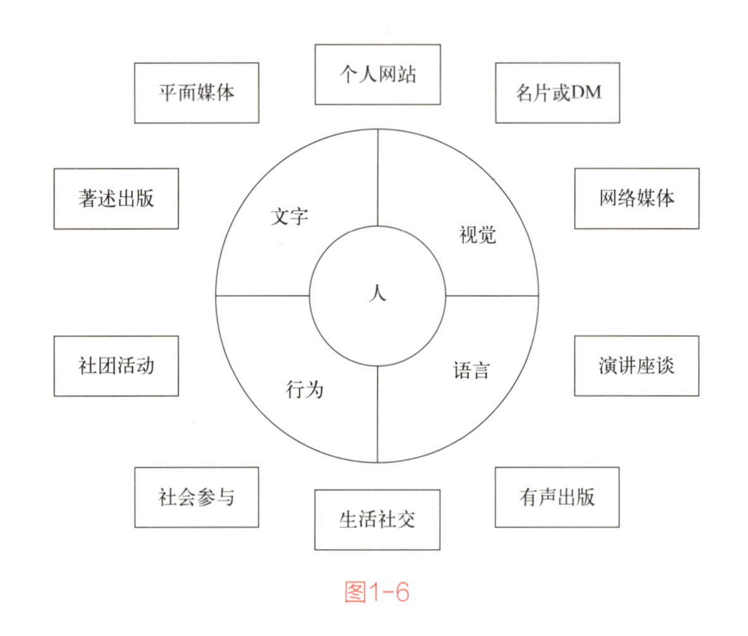

图1-6

以及礼仪规范的完美结合，来呈现一个人在社会群体中特定的地位、身份等，也就是其在社会环境中所充当的角色。在生活中，人们往往通过一个人的形象来判断其年龄、身份、性格等，并予以相应地交往与沟通。正如我们常说的“7/38/55”定律：对于一个人的认知，有7%是通过其语言，38%是通过其肢体动作，而另外的55%则是依据其外表装扮。人的自由感、快乐感、幸福感既来自于主体以外的对象世界，更来自于主体自身，所设计的形象得到他人、社会的认同，就会在人的内心产生一种自豪感和主观幸福感。

2. 能引起人的感官快感和心灵喜悦

整体形象设计与整体形象审美是对立而统一的两个方面，即授者与受者的对立统一。当所设计的形象符合受者的审美需求、需要，并与之相统一时，就会引起受者的形象审美愉悦。这种审美感受广泛存在于人们生活的各个方面，个人的形象主要表现在发型、化妆、服饰及仪态等方面，因个人的形象是千差万别的，受个人的生理性和社会性的差异以及环境的变化等条件所制约，决定了形象设计须以生理性和社会性相结合，把握动态的多样性原则，并合乎一般审美原则。生理性表现在人的自然本色，要扬长避短，做到形象要合体；社会性表现在人的社会活动范围，做好角色变换，形象要合适；动态性表现在环境的变化，形象要与之和谐。

3. 能获得更多的发展机遇和发展空间

当今社会已进入信息时代，人才竞争越来越激烈，要想在激烈的竞争中赢得一席之地，必须掌握竞争手段，提高竞争能力，而形象设计则是竞争手段中不可忽视的重要部分。在现代社会，具有良好形象的人，可以获得他人、社会的信任、支持，更容易取得成功。整体形象就像个人职业生涯乐章上跳跃的音符，合着主旋律会给人创意的惊奇和美好的感觉，脱离主旋律的奇异或不适合的符号会打破个人韵律的和谐，给成功带来负面影响。一个人良好的形象，不只是把自己打扮得多么美丽、英俊，最重要的是要让自身的发型、服饰、气质、言谈举止与职业、场合、地位以及性格相吻合。形象设计的目的不仅是为了追求外在的美，而是为了辅助事业的发展，展示给人们你的力量和成功的潜力。这一点与企业整体形象设计十分相似，都是为了长远未来的发展。

笔记

四、整体形象设计的作用

树立良好的个人形象对于现代人具有特别重要的作用，良好的个人形象能促进事业、生活的发展，能促进人际关系的发展，能提高生活的品质，能提升个人的综合素质。从社会功能来讲，个人形象有识别的作用、归类的作用、吸引的作用等。个人形象涵盖面的扩大化肯定与个人成功越来越密切，因此，忽略形象设计在个人生涯中的重要作用将会使我们失去很多的机会。

1. 识别的作用

整体形象是外在表现和内在品质的结合，它综合反映一个人的身份、社会定位、生活方式、知识素养等多方面信息。形象可以清晰地定义一个人的社会属性，会无声诠释一个人的生活状态、发展潜力等内涵信息，帮助他人对其进行识别和判断。形象的内容宽广而丰富，它包括你的穿着、言行、举止、修养、生活方式、知识层次、家庭出身、住在哪里、开什么车、和什么人交朋友等等。它们在清楚地为你下着定义——无声而准确地在讲述你的故事，你是谁、你的社会位置、你如何生活、你是否有发展前途……

2. 归类的作用

在人际交往中，人们通常根据对他人的第一印象进行归类，并据此做出较为主观的判断。一个合理、正面、吸引人的形象更易让人产生好感和信任，从而获得更多合作机会。相反，一个不当或负面的形象也会对人际关系和事业发展产生消极影响。一个符合自身属性和定位、能取得目标受众认同的形象，无论在什么群体中都能获取公众的信任，并能在社交和职业群体中脱颖而出。

3. 吸引的作用

形象吸引力是一个人与他人交往过程中将对方注意力引到自己方面来的一种心理影响力，即吸引人，引起别人的注意。它是人与人之间在认知、情感、品格等方面表现出来的一种亲近现象。说到形象对人产生的吸引，人们很容易联想到“以貌取人”。从实质上讲，人的外貌与人的学识水平、文化修养、才能品格并不存在必然的联系。然而，作为具有社会属性的人，经过人类文化的熏陶，总是具有一定的审美能力，俊朗的外表、高雅的着装，必须与内在的学识、修养和才干相匹配，才能给人留下积极和持久的印象。反之，外在吸睛但内涵不足的形象设计，也难以获得目标受众的认可和好感。

从个人的角度来讲，形象设计还具有掩饰或矫正形体缺陷、增加美感、增加生命活力的作用，能立刻唤起你内在沉积的优良素质，通过你的穿着、微笑、目光接触、握手等一举一动，让你恰到好处地展示出高雅的气质和优雅的风度。

思考练习题

1. 如何理解整体形象设计的意义？
2. 整体形象设计的信息传递途径有哪些？
3. 试述整体形象设计的作用。
4. 找出并分析你身边的人在个人形象方面的成功案例。

整体形象设计程序

素质目标

通过整体形象设计的构思、定位和实施，引导学生能够在设计实践中注重艺术与技术的有机结合，从社会文化和专业技能等方面提升职业素养和设计能力，培养学生在跨文化背景下进行设计构思与表达。在设计实践中能够自觉传承优秀传统文化并进行创新设计，树立并践行正确的人生观、世界观、价值观，以及强烈的社会责任感。

学习目标

通过本模块内容的学习，使学生了解整体形象设计的设计流程；熟悉整体形象设计表现过程；掌握整体形象设计的构思、定位和实施的步骤。

整体形象设计作为综合设计的一种，是一个设计师与设计对象经过双向交流、沟通达到双方满意的过程，同时也是设计师综合运用专业知识和专业技能，调动一切设计技巧和设计要素，展现艺术创作才华的过程。在形象设计过程中，其表现形式可以大致分为两大部分，即从整体到局部和从局部到整体的系统思维。从整体出发，形成概念和要求，逐步具体化；从局部细节出发，精心处理，再回归整体，达到统一协调。这种双向的设计思路，既体现了形象设计的创意性，也保证了系统性。

单元一 整体形象设计构思

整体形象设计构思是整体形象设计的基础，是一门探索形象构成的科学。它涉及如何同时考虑目标受众的需求和个体特色，如何实现形象之间的协调一致，以及如何实现整体形象的多样统一等美学原则。

合理性和个性化的构思是整体形象设计的首要步骤，也是整个设计过程中贯穿始终的创造性活动。整体形象设计是一项综合性和创造性的工作，如果没有出色的设计构思作为基础，就很难实现系统且富有创意的整体形象设计。

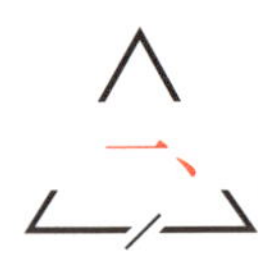

一、灵感来源

整体形象设计的灵感来源多种多样。有些灵感是突发性的，就像突然打开头脑开关；有些灵感是诱发性的，来自于与设计无关的事物，唤起了记忆中的某些信息；有些灵感是联想性的，通过联想解决问题，由此及彼、触类旁通；还有一些灵感是提示性的，受到提示和启发产生新思想、新观点、新假设、新方法。整体形象设计并不仅仅依赖于一个灵感，因一个灵感通常只能解决一个方面的问题。整体形象设计是综合性的，需要逐步解决各方面的问题，根据设计对象实际情况确定灵感的构思（图2-1、图2-2）。

图2-1

图2-2

笔记

1. 触发灵感

有些构思最初并没有明确的设计目标，而只是大脑处于创造思维状态中，结果却像“无心插柳柳成荫”一样。这样的构思主要来自灵感的闪现。灵感是整体形象设计过程中经常出现的思维现象，任何形式的整体形象设计都离不开灵感的推动。但灵感是难以预测的，常常突然出现，具有灵活的特点，让人难以捉摸和把握。

2. 确定形式

确定形式就是要找到与最初的灵感相适应的表达方式，以便为后续的灵感提供思维的线索。此外，灵感既可能是突发的，也可能是片面的。突发的灵感大多需要进行调整和完善，并经过深入思考后才能应用于设计对象上。

3. 理性体验

在设计思维的深入阶段，构思更注重理性参与。通过理性的认知和思考，可以使构思更加客观，更符合实际制作要求。应该学会通过整个过程，如发型、化妆、服饰搭配等，来体验设计效果，并通过造型后的状态来验证设计结果。只有这样，构思才能避免成为幻想和空想，设计才能准确，效果才能合理、完善。

4. 感性回归

整体形象设计既是一门艺术，又需要实际操作和实物制作结合。因此，除了需要理性思考外，更需要设计师的创作激情和直觉。在实际操作和制作过程中，设计的情感受到技能、材料和工艺手段的限制，但这并不意味着忽视了人的情感。在设计构思接近完成时，设计师应该回到最初的感受状态，回味当时的情境和情绪，以评估现在的设计是否能够表达出来。如果与设想存在较大差距，设计师应该探究原因，或者尝试其他形式进行重新构思。

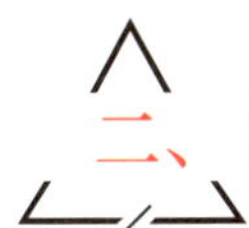

二、构思过程

整体形象设计中引发构思的过程有目标定位、寻找切入点、充实细节、总体完善四个方面。

1. 目标定位

整体形象设计通常以一个大的目标、一个设计主题或一个设计意图为起点。这只是一个大致的方向，对于构思整体形象设计来说，首先需要通过对主题、意图或设计对象的详细分析和研究来定位目标。通过排除与设计无关的因素，缩小范围并明确思维，使其变得清晰和明确。

2. 寻找切入点

切入点是构思的起点，它既是设计构思展开的思维起点，也是将抽象的思维转化为具体的形象思维的转折点。有了具体的切入点，思维就有了突破口，也就是通常所说的“有想法了”。设计构思可以在这个“想法”的基础上展开。

3. 充实细节

找到了切入点并不意味着构思的全部，而只是一个点。要完成整体形象设计的构思，需要将点连接起来，将切入点作为起点，深入细致地将与点有关的事物串联起来；然后将线变成面，即通过联想和想象将已获得的各种信息进行综合和加工，从而构建清晰明确的形象。

4. 总体完善

总体完善是将思维的重点和构想的注意力从局部细节转移到整体形象上。从整体的角度重新审视各个局部之间的总体关系和所构成的总体效果。主要包括两个方面：一是从形象的“形”上观察发型、化妆、服饰之间以及它们与人体之间的关系；二是从形象的“色”上考虑发色、妆色、服色和肤色的搭配关系。

三、主题确定

整体形象设计需要创造性思维，必须具有独特性，否则会被忽视。如何创造新的主题是每个整体形象设计师都需要思考的问题，成功的设计应该领先潮流而不是跟随潮流。为了使作品更有活力和创新，设计师应该更加注重观察周围的事物，通过现象看本质，全方位地感受、体验和更新设计理念。整体形象设计应该具有时代感，关键在于如何运用新的语言形式进行表达。在生活中寻找设计灵感通常可以通过以下四种方式来收集新主题的素材。

1. 情感意念的表达

以大自然的形象为素材，经提炼，在设计组合上利用自然物的音、义、形等特点，表达特定的情感意念，使自然形象的本来意义升华或变异，成为一种有意味的设计形式；以姐妹艺术（绘画、雕塑、建筑、音乐的形式，以及花卉、景色、面料质地、性格的体现等）的感应，以及新材料的启迪为素材来获取灵感，以其相同的内在结构、同质同构或异质同构，来获取创作源泉（图2-3～图2-6）。

寓意、象征和想象是重要的表现手法。寓意是借物托意，以具体实在的形象寓指某种抽象的情感意念；象征则是以彼物比此物的方法；想象是思想的飞跃，是感情的升华，使现实生活增加内容，使具象成为抽象。

2. 借鉴他人的经验

在设计中，我们可以从他人的作品中借鉴某些局部表现手法。借鉴意味着结合已有的元素，打破一种和谐并重新塑造一种新的和谐。他人作品的各个局部是构成整体和谐的组合因素，如果我们要借用其中的局部，就像果树嫁接一样，将它们融入到新的整体中，形成新的秩序。

3. 民族形象的继承

复古的倾向和传统精华的继承都可成为佳作或时尚。中华民族中富有的机能性要素和独特的形象要素，以及世界各国的优秀的文化要素都可以吸收到所设计的形象中来，使自己的创作得到发展。

图2-3

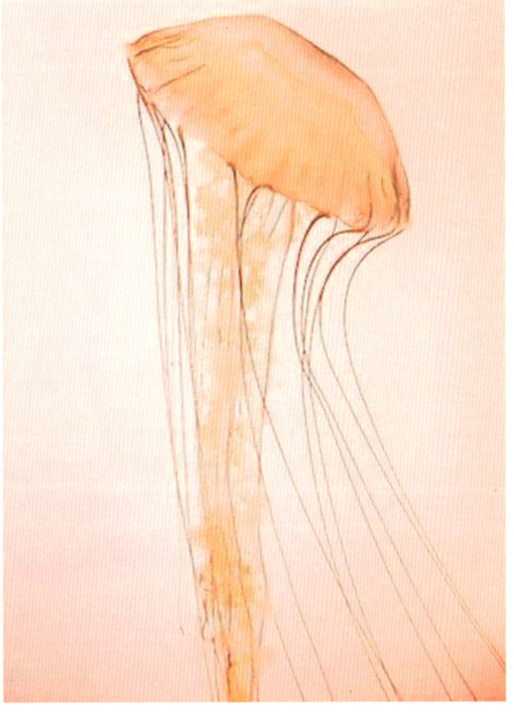

图2-4

图2-5

图2-6

笔记

4. 意识形态的体现

这种线索常常隐藏于文学作品、哲学观念、美学探求等意识形态之中。当“生命在于运动”的口号遍及天下时，运动形象、休闲形象就成为一种风尚，如此种种无不体现出创造需紧密联系时代。

四、设计表达

整体形象设计是一个艺术创作的过程，是艺术构思与艺术表达的统一体。设计师一般先有一个构思和设想，然后收集资料，确定设计方案。其方案主要内容包括：形象风格、主题、造型、色彩、材料、饰品的配套设计等。同时对内结构设计以及具体的成型过程等也要进行周密严谨的考虑，以确保最终完成的形象能够充分体现最初的设计意图。整体形象设计构思的表达方式是绘制设计图。整体形象设计图的内容包括整体形象效果图、头面部的发型和化妆效果图、创意说明三个方面。

1. 整体形象效果图的内容和表达方式

整体形象效果图和服装效果图的表达形式几乎一样，都是采用写实的方法准确表现人的整体形象效果。采用 8 头身的体形比例，以取得优美的形态感。形象的新意要点（重点是服饰）要在图中进行强调。整体形象效果图的模特采用的姿态以最利于体现设计构思和整体效果的角度和动态为标准。要注意掌握好人体的重心，维持整体平衡。整体形象效果图可用水粉、水彩、素描等多种绘画方式加以表达，要善于灵活利用不同画种、不同绘画工具和不同肌理效果的特殊表现力，表现变化多样、质感丰富的材质和服饰效果。整体形象效果图的绘制要求人物造型轮廓清晰、动态优美、用笔简练、色彩明朗、绘画技巧娴熟流畅，能充分体现整体设计意图，给人以艺术的感染力（图 2-7、图 2-8）。

2. 头面部的发型和化妆效果图

一幅完美的整体形象设计图除了整体形象效果图外，还应有头面部的发型和化妆效果图，因为在整体形象设计的构成中，发型和化妆的地位不能忽视，外在整体形象设计的最终效果还是要通过发型、化妆、服饰来完成的。整体形象设计图的特殊性在于表达整体形象设计的同时，要明确提示发型、化妆的造型结构、色彩、质感和装饰。头面部的发型表现手法可以是水粉、水彩、素描等多种绘画方式加以表达，化妆最好用素描加彩妆的方式，细节部分要仔细刻画。一般以半侧面呈现，这样既容易表达发型前后侧的整体效果，也不影响化妆效果的表现（图 2-9 ～图 2-12）。

3. 创意说明

有时仅依靠整体形象设计图难以说明整体形象设计的创意，因此，在整体形象效果图、头面部的发型和化妆效果图完成后还应附上必要的创意说明，如设计

图2-7

图2-8

图2-9

图2-10

图2-11

图2-12

笔记

对象、设计主题、实操要点、材料的选用要求，以及装饰方面的具体问题等，也可从发型、妆型、服饰、仪态塑造和整体效果进行说明，用图文结合的形式，全面而准确地表达出设计构思的效果。

此外，如若服装是设计定做的，在整体形象设计效果图上还应表现出服装的平面图，包括具体的各部位详细比例、服装内结构设计或特别的装饰。平面结构图应准确工整，各部位比例形态要符合服装的尺寸规格，一般以单色线勾勒，线条需流畅整洁，以利于服装结构的表达，并附上面料小样。

单元二 整体形象设计定位

整体形象设计的定位，就是根据形象观察与了解的内容、原型分析与确定的结果，找出并确定形象主体在相关公众心目中，区别于其他形象主体的形象特色或个性，为今后整体形象设计提供依据的方案。只有“万绿丛中一点红”的形象才是成功的、丰满的、有魅力的形象，假如“千人一面”，就没有什么特色或个性，也不会有吸引力。整体形象设计不是短期行为，而是长期、持续性的形象塑造系统。

准确的整体形象设计定位具有十分重要的现实意义，它是设计师在对个性、性格、价值观、兴趣、性别、职业、年龄等因素综合分析的基础上，从有利于设计对象的角度出发，确定整体形象设计的方向、目标，从而塑造出独具个性魅力的形象。

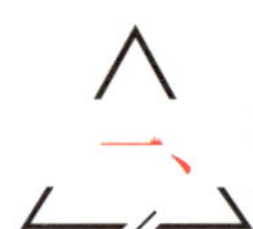

一、形象观察与了解

1. 形象观察

观察是一种有目的、有计划、比较持久的知觉活动。所谓形象观察，是设计师根据设计主题和题材仔细察看设计对象的外貌特征，获得初步资料的过程，包括身高、体型、头形、五官、肤色等。这要求设计师的眼光要独特、敏锐，能在短时间内发现最能体现设计对象外表所提示的所有信息，观察的任务就是在原有形态的基础上设计出令人满意的新形象。

由于主题不同，观察的着眼点也各有侧重。观察内容概括地讲就是TPO条件：T是英文单词time的大写首字母，在形象设计中是指时间、时代、季节、流行；P是英文单词place的大写首字母，在形象设计中是指场合、位置、环境；O是英文单词object的大写首字母，在形象设计中是指目的、目标、对象。这其中对于对象的观察最为复杂，对象的身高、比例、体态、发质、肤色、年龄、性格、气质、爱好和身份均要心中有数。这是进行设计的基础。造型是物体存在的基本条件，也是美的必要条件。没有具体可感的形象，美就不会存在。

2. 形象了解

外在形象没有内在素质的支撑，再好的形象也会显得缺乏生命力。要塑造一个好的形象，形象观察还应同语言交流相结合，才能深入了解设计对象，因此，设计师在设计前还应根据主题和设计对象的实际，进行充分的沟通了解，通过语言交流可以了解到设计对象的生活、工作、现实环境、内心世界、性格爱好、家庭情况、职业特点、年龄、设计目标等。设计对象的外在形象是一目了然，而内在因素要复杂得多。设计师在确定设计对象外貌特征的前提下，只有深入了解设计对象的内在气质，以内在气质为基础修饰外在形象，才能更好地完成一个新形象的塑造。

当客户确定后，整体形象设计机构要通过对客户的了解，发现客户形象的核心诉求点。设计师根据整体形象设计的设计原则，在分析客户信息和诉求点的基础上，编写客户的初步设计方案，包括核心诉求点的分析研究与总结，以及相应的解决方案的提供。以此为点，扩展到面，提出整体形象的目标，思路及操作方法（表2-1）。

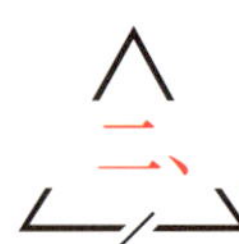

二、原型分析与确定

整体形象设计是利用造型的形、色要素，将其不完美的地方进行修饰，发扬优点，弥补缺憾。通过观察与了解取得初步结论后，进行形象分析与确定。对设计对象的原型分析与确定主要有以下几个方面。

1. 固有色分析

正确判断出设计对象的固有色是至关重要的，固有色是通过肤色、头发、瞳孔判断出的。设计对象的固有色确定将直接关系到妆色、服装色的选择与应用。

笔记

表2-1　形象设计客户信息采集表

<table>
<tr><td colspan="2">个人基本信息
姓名：________　年龄范围：□18-25岁　□26-35岁　□36-45岁　□46-55岁　□56+岁
性别：□男　□女　□其他　□不透露　职业：________________
联系电话：______________　电子邮箱：______________</td></tr>
<tr><td colspan="2">1.颜色偏好
在服装选择上，您更倾向于哪种颜色类型？（可多选）
□明亮鲜艳　□柔和中性　□暗色调　□高对比色　□低饱和度
□其他（请具体说明）：______________</td></tr>
<tr><td colspan="2">2.风格偏好
您个人的着装风格倾向是什么？（可多选）
□休闲舒适　□职场正装　□时尚前沿　□经典优雅　□文艺复古
□简约现代　□运动活力　□奢华名贵
□其他（请具体说明）：______________</td></tr>
<tr><td colspan="2">3.社交场合形象需求
对于以下各个场合，请描述您希望的发型、化妆和着装风格。</td></tr>
<tr><td>工作
/
职场</td><td>发型要求：________________
化妆风格：________________
着装需求：________________</td></tr>
<tr><td>休闲
/
周末</td><td>发型要求：________________
化妆风格：________________
着装需求：________________</td></tr>
<tr><td>正式活动
（如晚宴婚礼等）</td><td>发型要求：________________
化妆风格：________________
着装需求：________________</td></tr>
<tr><td>特殊场合
（如派对庆典、
颁奖典礼等）</td><td>发型要求：________________
化妆风格：________________
着装需求：________________</td></tr>
<tr><td colspan="2">4.其他形象设计需求
您是否有特别的形象设计相关需求或偏好？（如环保材质、防敏感、可持续发展品牌等）
□是　□否
如果是，请详细说明：______________</td></tr>
<tr><td colspan="2">5.额外信息
您通常从哪些渠道获取形象设计的灵感或建议？（可多选）
□时尚杂志　□社交媒体　□朋友/家人推荐　□专业形象顾问
□其他（请具体说明）：______________</td></tr>
<tr><td colspan="2">隐私声明
我确认我提供的信息是真实和准确的。
我理解这些信息将被用于个性化的形象设计服务，并且保密性将得到保障。</td></tr>
</table>

签名：________________　日期：________________

此采集表可以根据实际业务需求进行适当的修改和调整，以确保形象设计师能够更好地理解客户的个性化需求，提供更加精准的服务。

2. 脸形分析

设计对象的脸形分析包括脸形特点、五官情况、皮肤特征、骨骼等。因为妆型设计方案的确定，只有在脸形分析后才能正确地进行实际操作。

3. 发型分析

设计对象的发型分析包括头形、脸形、头身比例、发质、发色等。这是确定发型设计和实际操作的前提。

4. 身型比例分析

设计对象的身型比例分析是指身高、体型、三围尺寸，以及人体的轮廓、给人的视觉印象等。在服饰装扮前对设计对象的身型比例有所了解和把握，对确定服装造型和饰品选择有很直接的关系。

5. 气质倾向分析

设计对象的气质倾向是整体形象设计中较难把握的，它蕴含在一种无可言表的气质感受中。它的分析与确定要靠设计师仔细观察、倾听，以及有针对性的交谈才能获得。

三、整体形象的定位

通过对设计对象的观察、了解及原型的分析，在外形上为设计对象选定一个最佳方案作为设计的定稿，将设计对象定位在某一类型上。当然，这一形象只是一个提示，并不一定是唯一的、永久的，是受一定条件限制的，不能生搬硬套，还要根据时间、地点、场合等的不同灵活运用。具体来讲，整体形象设计的定位主要有以下几个方面。

1. 特色定位

特色定位也称个性定位，即通过突出设计对象的特色，强调其独特之处，力图对相关公众造成强烈的感知冲击，从而达到吸引公众的目的。这种特色可以来自设计对象的各个方面，如性格特色、特长、外在形象特色等。整体形象设计的目的就是找到能代表个性的设计语言，从而让设计对象的个性特点更为突出。

2. 对比定位

对比定位也称职业定位，就是在为设计对象进行整体形象设计时，根据设计对象的具体职业、年龄段和单位性质等，有意对照处于同一职业、年龄、单位等的人，或是从不同职业的特点中有所区别，从而让设计对象的形象类型更为明显和清晰。

3. TPO 定位

TPO 定位是根据 TPO 原则而进行的整体形象设计定位，即时间、地点、场合，甚至事由。TPO 原则既是有关服饰装扮的重要原则，也是整体形象设计的基本原则。不同的时间、地点、场合及事由，决定了整体形象设计的定位不同，只有根据设计对象的不同需求，才能设计出同等环境相和谐的形象。

笔记

4. 导向定位

即根据设计对象（重点是公众人物）自身的特点和条件，在调查和统计数据的基础上，比较准确地确定出设计对象的主要支持公众群，并由此提出专门针对该类公众群进行整体形象设计定位的方法。利用这种方法的主要目的是为了在稳定和扩大主要公众群的同时，进一步提升设计对象的知名度和影响力，从而也间接地增加对非主要公众的吸引力。

单元三　整体形象设计表现

整体形象设计的表现是在经过整体形象设计师的形象调研构思和定位等环节后，在客户身上进行实施与表现，这也是整体形象设计最重要的一个环节，在这一环节中，既可以由经验丰富的整体形象设计师一人完成，也可以由设计师指挥或带领发型师、化妆师、服装师和仪态指导等组成的整体形象设计团队一起来完成。

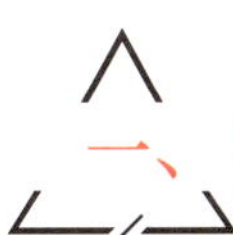

一、整体形象设计表现过程

根据客户整体形象设计的形态定位，结合设计对象的具体情况，确定整体形象的设计方案。在实验表现前需要做好以下几个方面工作。

1. 与客户进一步沟通

将涉及最后效果以草图或效果图形式呈与客户，让其心理预期值与最后整体形象效果一致。

2. 所需工具材料的准备

“工欲善其事，必先利其器”，这说明“器”在我们实际操作过程中的重要性，所以要想将设计方案完成且表现好，准备所需的化妆造型工具、饰品、服装等是非常重要的。

3. 表现顺序

在表现的顺序上可由整体形象设计师自由操控，可以从头到脚的顺序，也可以从客户最注重的部分开始，从整体形象设计师自身最擅长的环节开始也是不错的选择。

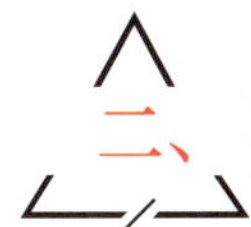

二、整体形象设计表现方式

整体形象设计在设计实施过程，应随着不同的设计需求而采取不同的进入方式，如根据主题、创意、材料进入或是根据人物、职业、场合进入等。

1. 根据主题制订方案

整体形象设计一般是先有了明确的主题后才开始进行的，在整体形象设计之前产生的主题，也可以称为整体形象设计的定位。一个主题去用形象表现出来，就是在形象上让观众看到所设计对象的定位结果。先有主题的设计常应用在电视节目主持人身上。

2. 根据创意制订方案

先有创意也是整体形象设计常用的进入方式，它是对一个人艺术能力的考验，是一个由抽象到具体的过程。从创意的角度设计形象，同艺术创作一样，它需要很多表达创意的专题设计，这时的发型、化妆、服饰等都有可能需要重新设计才能完成。发型、化妆、服装比赛都是典型的先有创意的设计。

3. 根据材料制订方案

先有材料就是从感受某种材料的气息而构想出的整体形象设计，材料艺术已经渗透到整体形象设计的方方面面，头饰、首饰、服饰、化妆无所不在，重视材质与风格的作用，把现代艺术中抽象、夸张、变形等艺术表现形式放入材料的再创造中去，充分使用自然界中的物质材料和再加工的手段，通过材料发挥与众不同的特色，可为整体形象设计的发展提供更广阔的空间。

4. 根据人物制订方案

人是整体形象设计的直接载体，无论何种进入方式，最终都是通过人来展示的，所以先有人物是最重要、最经常，也是最自然的一种进入整体形象设计的方式。设计师要围绕人物的特质进行，把握设计对象已有的条件，开拓设计对象深层面的形象。这需要设计师必须具备一定的洞察力、独到的想象力和精湛的表现力，三者缺一不可。

思考练习题

1. 什么是整体形象设计定位?
2. 简述引发构思的过程。
3. 简述形象的原型分析与确定。
4. 试述整体形象设计的表现。
5. 按设计程序为同学完成整体形象设计方案并画出整体和头面部效果图。

整体形象的美发造型

素质目标

通过分析整体形象中的美发造型，引导学生养成良好的职业道德素养和吃苦耐劳的精神，做到诚信为本，诚恳待人。培养学生能够根据人的容貌特征和个性风格，结合自身的审美创造力和优秀的美发技术，为客户提供满意服务，具备与客户有良好的沟通能力、与同事有团队协作精神。

学习目标

通过本模块内容的学习，使学生了解美发造型原则在发型设计中的运用；熟悉人的头面等形体对发型设计的影响；掌握发型、发色的表现与搭配在整体形象中的地位。

在当今日益竞争的社会中，外表已成为判断一个人的重要标准之一。发型能够完全改变个人形象，因此它在塑造整体形象中发挥着关键作用。发型不仅要考虑美观、大方、整洁，还要与自身头发性质、脸型、体型、年龄、气质等因素协调一致，符合四季着装与环境要求。如此，才能助力打造整体和谐美观的形象。

单元一 美发造型原则

美发造型原则指的是发型设计中的形式美法则。如果说，发型设计要素在视觉传达设计中的作用相当于语言中的词汇，那么这些美的形式法则在视觉传达设计中的作用就相当于语言中组词的规则及要求。设计师运用形式美发原则来设计头发的长度、纹理结构和颜色，并根据顾客的要求进行调整或创新。这些原则是人们在长期的实践工作中总结出来的宝贵经验。正确使用这些原则，对于发型设计来说，具有决定性和审美性的意义。

发型设计形式美法则和其他设计一样，主要包括：节奏与韵律、均衡与对称、对比与调和、比例与主次、重复与呼应、变化与统一等。

一、节奏与韵律

节奏是有规律的运动。它属于音乐术语，指的是音乐中交替出现的有规律的强弱、高低、长短的旋律现象。节奏蕴含着反复、交替、渐变的特征。节奏能产生多变、灵活、丰富的跳动美感，人们在这种视觉美感中可以去追寻和享受音乐的旋律之美与诗词的韵律之美。发型设计中的节奏主要包括点的节奏、线的节奏和色彩的节奏。它既具备节奏的共性，更具自身的独特作用（图3-1）。

图3-1

1. 点的节奏

在发型设计中，点的节奏可以从三个方面进行运用：一是人头部不同部位头发的节奏，通过调整各部分的长度、颜色、方向而产生节奏效果，如短发、长发、烫发、染发等；二是在面部或身体进行点的装饰，与面部五官形成变化的节奏感，如画一朵小花、一片树叶；三是利用耳环等饰品作为发型设计的辅助，产生独特的节奏美。

2. 线的节奏

在发型设计中，线的节奏效果主要通过对脸型、前额的调整来产生。这些调整蕴含着丰富的节奏变化可能性。刘海的长短、对称性，以及发型轮廓线条的巧妙运用，都可以产生各种节奏美。此外，还可以通过发丝的流向来形成崭新的节奏效果。

3. 色彩的节奏

色彩节奏主要通过对不同头发区域的色彩变化而形成，如刘海、前发区、后颈部等。它主要通过色相、明度、冷暖等对比关系，以及面积大小关系、形态关系、使用方法的效果关系来产生。

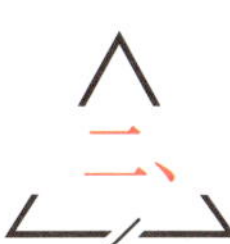

二、对称与均衡

在审美心理上，人们存在着视觉平衡的需要。平衡指在特定空间范围内，使形式要素之间的视觉力保持平衡关系。对称和平衡都旨在使视觉取得平衡，以达到和谐，产生美感。均衡是在变化中求得平衡；对称是在相似中求得平衡，是平衡法则的一种特殊表现（图 3-2）。

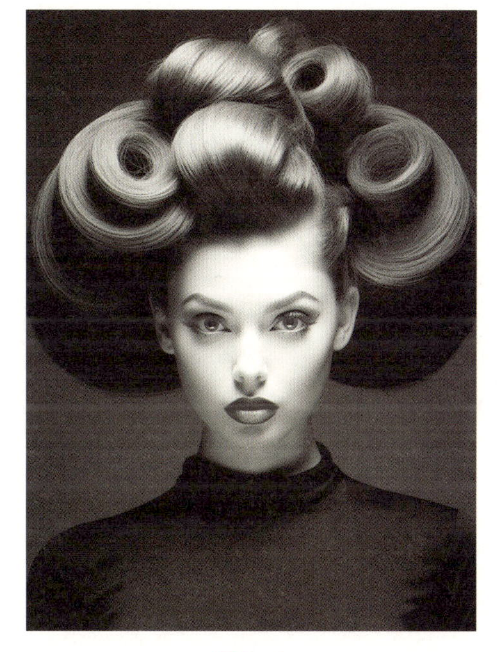

图3-2

1. 对称

造型设计中主要采用对称形式，而较少用均衡来追求变化，特殊造型除外。这种对称需要完全的对称，包括形状、色彩、纹理、质感等各个方面。如果要在这种完全对称状态下产生变化，可以通过局部的点缀形成。

2. 均衡

美发造型中的均衡指的是两侧分界头发数量不等。尽管轴线不在正中，但两侧相似的造型也可获得一种平衡感。从审美角度来说，平衡代表各部分之间的和谐组合。

3. 对称与均衡的应用

对称或均衡形式的采用应与发型的风格和造型相协调；形式元素的选择应符合造型的需要；构图位置的选择既要考虑人体构造，又应独具匠心。从某种意义上，美发造型可视为人体整体形象设计的起点，以此为出发点，与妆容、服装形成某种均衡关系。

三、对比与调和

对比与调和是一对对立的概念。对比强调差异，调和强调统一。它们的共同

笔记

目的是通过某种形式达到新的和谐。尽管两者对立，但都常被运用于发型设计中。需要变化和活力时通常采用对比；需要庄重统一效果时则采用调和（图3-3）。

图3-3

1. 对比

对比指发型设计中形态之间的差异。对比关系的恰当运用可以增加发型的美感和活力，给人以心灵的触动；而对比关系的不当运用则会显得单调乏味、缺乏生机。对比强调各要素之间在质和量上的差异，其主要作用是使造型富有生动和活力。如粗细、凹凸、厚薄、冷暖、深浅、强弱、淡浓、明暗、大小等都是常见的对比关系。

（1）形态对比　包括大小对比、多少对比、方向对比、位置对比等。形态大小要适当，过大过小均不突出；数量对比中，少优于多；相似形状不突出，有差异的形状突出；点线的集中交叉处突出；区域中间及上方突出。

（2）色彩对比　色彩鲜明者突出；明暗对比中，浅色优于深色；纯度高者突出；暖色优于冷色；小面积比大面积突出。

（3）质感对比　发型的质感对比主要体现在厚薄、光滑粗糙、静动及光泽的运用上。质感对比可能来自不同部位的造型，也可能来自同一部位的不同技法处理。这两种对比可形成调和关系，前者属于光效调和，后者属于色彩的调和。

2. 调和

调和与对比相反，指形式要素之间在质和量上保持某种秩序与统一的状态。它主要起到从整体上使造型和谐统一、协调的作用。调和首先是形态性质的统一，形态的相似是实现这种统一的重要途径。此外，色彩的调和也非常重要。色彩调和通常有同一调和、类似调和与对比调和三种情况。调和通过强调形式要素的共性有机联系，是发型设计中最具和谐效果的手段。

四、比例与主次

比例与主次的形成要素都是分割。它们在发型设计中是一个非常重要的形式美法则，也是有效的造型手段。没有美的比例很难构成完美的发型；主次不分明，无法形成审美中心，也无法突出发型的主题与风格（图3-4）。

1. 比例

比例是由一定关系构成的和谐，是相互分割的意思。发型设计中的比例主要有三种情况：一是黄金比例1 ：0.618，这是一种永恒的美的比例；二是以面部三庭五眼为头发长度的参照物，这是一种非常实用的比例关系；三是头身比例，以头长为基准的人体长度比例。发型的整体与局部应考虑头发生长方向、身高、肩宽及头身比例，使其趋于比例美。

笔记

2. 分割

分割是将审美对象分成不同面积与空间。运用分割要注意全局与局部的关系，以及局部与局部的关系。例如刘海与面部之间应注意比例关系，不能随意改变刘海的尺寸，这会严重影响额头和脸型。

图3-4

3. 主次

各部分之间的关系并非完全相等，必须有主次之分，类似于色彩搭配的主色关系。主次关系常通过分割体现出来，分割是构成比例与主次的关键。发型的形态、纹理、结构、色彩是组成外观美的主要因素。要突出主次、统一中求变化，可以以其中一个因素为主，其他为辅。例如以色彩为主，其他因素简单处理；如果全部因素复杂，色彩特点就会被掩盖，失去光彩。

五、重复与呼应

重复原则是在设计中不断使用相同的视觉元素或关系元素，是所有造型艺术范畴中共同遵循的规律之一。发型设计中通过重复相同的元素，可使发型在视觉上达到和谐统一的效果，重复原则在发型设计中的应用，不仅能增加发型的整体美感，还能使发型设计更加具有规律性和秩序性，从而提升发型的吸引力。

图3-5

呼应是指事物之间互相照应、互相联系的一种形式。体现在发型上则是不同部位在形态、色彩、方向、质感等因素上出现重复和呼应的关系，使整个发型产生协调统一的视觉效果。呼应可以丰富发型的表现方式，增强视觉的跃动感和活力。发型各部分之间相互照应的表现形式有：形态呼应、色彩呼应、方向呼应、质感和肌理呼应，以及内在情感的呼应（图 3-5）。

1. 呼应的关系

呼应在发型设计的运用，大都属于中和的呼应关系，不能在一个发型中用的过多，否则会使造型杂乱无章，最好是一呼一应或一呼两应的关系。同时，在呼应关系的处理上，要分清主次，避免完全均等。良好的呼应关系应是一多一少或一大一小，要尽可能避免相同因素量的均等。因为均等的因素之间，缺少呼应所要求的对比关系，会导致视觉上的平淡感。

2. 呼应的方法

呼应是发型设计中运用最普遍和最具内涵的方法，是追求相关因素内在情感、风格、气质的一致性，也就是将某一个造型因素与妆面内在的含义关联起来，形成一种心心相印的关系。如运用古典发型与平直刘海相呼应，通过不对称和新颖的发型造型来呼应时尚的整体效果。

六、变化与统一

变化与统一是美学中的基本规律，是事物发展的对立统一规律在人的审美活动中的具体表现，它反映事物发展的对立统一性。在发型设计中既要追求造型、色彩、纹理的变化多端，又要防止各因素杂乱堆积缺乏统一性，只有在统一中求变化，在变化中求统一，并保持变化与统一的适度才是最好的。处理方法是在整体统一的基础上加入局部变化，在秩序之中体现多样性。把有变化的部分重新组合，找到共同点，形成新的统一，这是一种多样统一的形式。组合时要突出共同因素的主导地位，使其具有造型中的主导地位，而将其他部分调整为陪衬的地位，起衬托、点缀的作用。如新古典发型中现代与古典元素的搭配，就是以现代发型设计风格为主，以传统造型元素为烘托，以现代时尚造型元素为映衬形成的既主次分明，又协调统一的设计风格，关键是处理好变化与统一的度，在统一中有变化，在变化中有统一，实现主次分明且协调的整体美（图 3-6）。

图3-6

单元二 头面部特征与美发造型

发型的设计，如果只注意头发，而忽略了头型、脸型、五官、体形、发质、职业与所选的发型是否协调，就难以设计出让顾客称心如意的发型。

笔记

一、头型与美发造型

头型分为平型、圆型和尖型三种。不同头型会影响到刘海区的形状和发量分配，分区形状的不同会决定整个发型的协调。

1. 平型头型

平型头型在确定刘海区域的时候，应该首先考虑到三角形区，因为三角形顶端的尖细部分，可增加头部的立体感，在视觉上会把头型拉长，提高纵向视觉感。

2. 圆型头型

圆型头型在划分区域时，可以考虑分半弧型区域。圆型头型比较完美，所以在划分区域时可变性较大，刘海区可设计为半弧形、三角形或梯形。

3. 尖型头型

尖型头型在划分区域时，宜选择方形区域或梯形区域。这两种区域的划分可增强横向视觉效果，降低尖头顶的不适感。

二、脸型与美发造型

发型与脸型的配合十分重要，发型和脸型配得适当，可以突显此人的性格、气质，使人更具有魅力。常见脸型有七种：椭圆形、圆形、长形、方形、正三角形、倒三角形及菱形等。

1. 椭圆形脸

形似鹅蛋，故又称鹅蛋脸，是一种比较标准的脸型，好多的发型均可以适合，并能达到很和谐的效果（图 3-7）。

图3-7

2. 圆形脸

颊部比较丰满，额部及下巴够圆，圆圆的脸给人以温柔可爱的感觉，较多的发型都能适合，只须稍修饰一下两侧头发向前就可以了，如长短毛边发型、秀芝发型，不宜做太短的发型。

3. 长形脸

前额发际线较高，下巴较大且尖，脸庞较长。避免把脸部全部露出，刘海做一排，尽量使两边头发有蓬松感，不宜留长直发，可留长蘑菇发型、短秀芝发型、学生发型。

4. 方形脸

较阔的前额与方形的腮部，方形脸缺乏柔和感，做发型时应注意用柔和发型，可留长一点的发型，如长穗发、长毛边或秀芝发型，长直披发不宜留短发。

5. 正三角形脸

因形似“梨”，又称梨形脸。头顶及额部较窄，下颏较宽。刘海可削薄薄一层，垂下，最好剪成齐眉的长度，使它隐隐约约表现额头，用较多的头发修饰腮部，如学生发型、齐肩发型，不宜留长直发。

6. 倒三角形脸

上宽下窄，似“心”形，又称心形脸，特征与正三角形脸相反。做发型时，重点注意额头及下巴，刘海可以做齐一排，头发长度超过下巴2厘米为宜，并向内卷曲，增加下巴的宽度。

7. 菱形脸

上额角较窄，颧骨突出，下巴较尖。设计发型时，重点考虑颧骨突出的地方，用头发修饰一下前脸颊，把额头头发做蓬松，拉宽额头发量，如毛边发型、短穗发等。

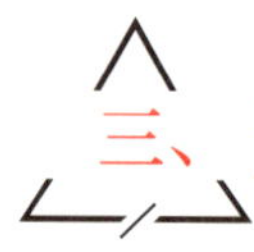

三、五官与美发造型

五官对发型设计成不成功有着直接联系，发型师应设法弥补五官的缺陷。

1. 高鼻子

设计发型时，可将头发柔和地梳理在脸的周围，从侧面看可以减少头发与鼻尖的距离。

2. 低鼻子

应将两侧的头发往后梳，使头发与鼻子距离拉长。

3. 大耳朵

不宜剪平头或太短的发型，应留盖耳的发型，且头发要蓬松。

4. 小耳朵

小耳不易夹头发，所以太多、太厚的头发不宜夹存耳朵上，长毛边式发型往后梳时应用发夹。

5. 宽眼距

头发应做的蓬松一点，不宜留长直发。

6. 窄眼距

两侧发型可以做成不对称式，若对称的发型可以将一边的头发搁在面部，另一边的头发搁在耳后。

笔记

四、体型与美发造型

好的发型并不是适应任何人，发型除了和人的性格有关系，也和人的体型有很大的联系。

1. 瘦长型

身材瘦长的人，多数脸型也是瘦长的，一般颈部较长，应采用两侧蓬松、横向发展的发型，如大波浪。

2. 肥胖型

一般颈较短，头发不宜留长，最好采用略长的短发式样，两鬓要服帖，后发际线应修剪得略尖。

3. 短小型

适合留短发，如留长发，则应在头顶部扎马尾或是梳成发髻，尽可能把重心向上移。

4. 高大型

不宜留短发，选择中长发。

5. 溜肩型

这是现代女性不喜欢的身材，发型设计时要弥补这方面的不足，发型要在肩颈部周围形成丰盈的发量，不宜短发。

6. 高胖型

这种体型适合留短发，显得很轻盈、利落。

五、发质与美发造型

每个人的发质不一样，适合的发型也会不一样。一个高水平的发型设计师能够正确辨认顾客的发质，并根据发质梳理出完美的发型（图 3-8）。

1. 中性发质

这类发质为标准发质。发丝粗细适中，不软不硬，既不油腻也不干燥。头发有自然光泽、柔顺，易于梳理，可塑性大，梳理后不易变形，是健康的头发。中性发质的优异性，使其适宜梳理成各种发型。

2. 油性发质

油性发质即头皮皮脂腺分泌旺盛的头发。这种头发的特点是油脂多，易沾附污物，发丝平直且软弱。一般细而密的头发，由于皮脂腺密度大，常为油性发质。此外，精神紧张或用脑过度也可导致头油过多。油性发质由于易脏，头皮屑多，需经常清洗。留长发会带来许多麻烦，因此宜选择短发或中长发。

图3-8

3. 干性发质

干性发质的特点是缺油干枯、暗淡无光泽、柔韧性差且易于断裂分叉，造型时难以驾驭。干性发质通常是因为护发不当、皮肤碱化所致，像不适宜的烫发、染发、洗发等都可导致头发干枯。干性发质应该选择不需要进行热处理的发型，以避免高温、化学药剂对头发的伤害，否则会使头发更加干枯。

4. 受伤发质

受伤发质主要是指干枯、分叉、脆断、变色或鳞状角质受损所导致的头发内层组织解体而容易死亡脱落的头发。对这种头发应该精心护理、保养，不宜经常烫发、染发、吹热风，因为高温和化学药剂会损伤头发的结构，从而加剧受伤发质的恶化。受伤头发应经常修剪，去除开叉的发梢，并用护发用品清洗、护理和保养，再配以养发食疗，使受伤的发质逐渐得到改观。

5. 稀软发质

这类发质缺少弹性，如果梳成蓬松式的发型，很快就会恢复原样。但由于发质比较服帖，适于留长发，梳成发髻，或应用小号发卷卷头发，做出娇媚的发型。通常这种头发缺乏质量感，可配上一部分假发。

6. 粗硬发质

这类发质难卷难做花，稍不留神，整个头发就会像刺猬一样竖起来。因此在整发前应先用油质烫发剂烫一下，使头发不致过硬。在发型设计上，尽量避免复杂。仅用吹风机和梳子就能梳好发型，比如采用半长、向内、向外卷的发型都比较合适。

7. 直而黑发质

这类发质宜梳直发，显得飘逸清纯。但直发在显示华丽、活泼、柔和等方面不如卷发。由于这种发质较硬，单靠吹难以达到满意的卷曲效果。如果要做卷发，可先用油性定发剂将头发稍微烫一下，使头发略带点波浪而显蓬松。卷发时最好用大号发卷。发型设计尽量避免复杂的花样，做出简单而华丽高贵的发型来。

8. 柔软发质

这类发质细而软，有一定弹性，往往难以表现一定的发容量，因为柔软的头发比较服帖，适宜剪成俏丽的短发，将刘海斜披在额前，横发向后梳，耳朵露在外面。如果这样梳

笔记

理不顺，头发容易散乱的话，可在耳后别一个发夹，呈现活泼俏丽的感觉。

9. 自然卷发质

这种头发本身细小弯曲，有的呈自然卷花状态，俗称“自来卷”。因此，不需要烫发。只要利用好卷发的自然属性，就能做出各种漂亮的发型。这种发质如果将头发剪短，卷曲度就不太明显，而留长发则会显示出其自然的卷曲美。这种头发刚修剪过时，某些地方会有些翘，可在洗头之后用毛巾将头发擦干，然后用吹风机吹，用梳子梳顺，并用手指轻压，就能定型。

六、职业与美发造型

发型设计除考虑到的头型、脸型、五官及身材以外还必须要注意到顾客的职业特点，发型设计根据职业的需要在不影响工作的情况下，努力做到最完美的发型效果。

1. 需戴安全帽的职业

发型不要做得太复杂，应尽量剪成短发或是长发扎辫子。

2. 运动员及学生

由于年龄及运动员的职业特点，发型可做成轻松而活泼的短发型，易梳理。

3. 交际活动繁忙的职业

这类顾客社会活动较多，头发最好留长一些，以便能经常变换发型。

4. 教师、机关工作人员

简洁、明快、大方、朴素的发型，表现出淡雅，端庄的感觉。

5. 艺术工作者

发型可以做得有突破，有创造性、前卫性。

单元三　整体形象中美发造型的地位与表现

一般人认为，美发造型在人物整体形象设计中是局部与整体的关系，它对整个形象设计具有很强的从属性。但不可忽视的是，人物形象设计中百分之五十取决于美发造型。因为发型更能直观地体现人物的身份、年龄、个性、气质等特征。

发型依附于人的头部，是形象设计师根据人物整体形象塑造的需要，对设计对象的头发进行设计，然后用剪、吹、烫、盘、染等技术手段来使之具有一定的色彩与形状以实现设计的需求。发型占有一定的空间，并有可视性、可触性、实用性、美观性等特征。因此，美发造型在形象设计过程中具有一定的独立性。但作为一名成功的形象设计师，在发型上不仅要考虑本身的特殊的美感与实用性，同时还必须考虑与设计对象的脸型和体型相协调，并与设计对象的化妆和服装在设计风格上相统一。

美发造型本身就是一种独特的语言，主要表现在轮廓、发量、结构、起伏、发质与纹理等方面。从某种意义上来说，美发造型就像是雕塑师在特有的条件、地点及环境下进行雕塑创作一样。

美发造型不是刻意地模仿与复制，更不是随意的发型梳理，它是一种创作。是在深刻理解设计对象生理条件和精神特征的基础上，以表达个人特征为目的的一种创意性的发型设计。

虽然美发造型很重要，但没有化妆与服装的配合，人物的形象设计也是不完整的，三者只有相互和谐才能成为一个完整的、统一的整体。

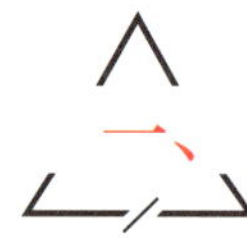

二、发型美的表现形式

1. 发质美

头发的质感、色泽都是发型美的基础，如同女人的皮肤，一白遮百丑，说明肤质对于一个女人的重要性，头发亦如此，没有质感的头发再美也缺少灵动。

2. 结构美

结构是指头发长度有规律性的排列方式，是美发造型的起点，不同的结构可形成不同的形状，不同的结构组合变化可改变发型的外轮廓、内轮廓和边缘轮廓的形态。根据物理力学的原理，制造头发的重力、压力和推力，刻画头发纹理自然垂落的美感，从任何角度去欣赏都能感受发型的极致美感。

3. 技术工艺美

好的发型散发着刀工的美感，从轮廓到线条至层次，刀工的穿透力似乎将发型赋予了高贵的灵魂，好的发型作品同样也称得上是精巧的艺术品。

4. 人体和谐美

许多时尚女性常把美发看作是短期美容的手段。通过发型的长短、厚薄、曲直等结构变化的修饰，实现完美的身形。

5. 服饰搭配美

发型的时尚趋势与国际时装趋势是同步流行的，流行的发型一定是和当下的潮流服饰相对应的，而好的衣服需要搭配适合的发型，不同风格的发型更需要与之相应风格的服装来搭配。

6. 行为举止美

人的肢体及语言会影响发型的美感，这就是为什么同样的发型在不同人头上会有各自的效果。发型首要的是适合人的性格，同时好的气质更能将漂亮的发型演绎得更为美丽。

笔记

二、发色与整体搭配

头发历来是美丽、青春、性感的象征。染发已被视为一种时尚，如何使得发色与肤色、发型、妆容及服饰搭配得当，使其符合整体形象要求已成为人们的一门必修课。

1. 黑发色的搭配

肤色适宜任何肤色；发型适宜干净利落的短发（直发烫发均可）或直的长发，还可将长发盘起，挽成发髻等；妆容适宜自然妆容，浅冷色系或端庄的正红色系；服饰适宜沉稳的深灰色系，典雅的蓝色系和酒红色等。

2. 深棕发色的搭配

肤色适宜任何肤色，肤色白皙者尤佳；发型适宜淑女式的直发或微卷的长发，大方的齐耳短发；妆容上自然妆容，冷暖色系皆宜，尤其适宜雅致的灰红色；服饰适宜经典的黑色与白色、优雅的紫色、大方的藏青色和米色等。

3. 浅棕发色的搭配

肤色适宜白皙或小麦肤色、古铜肤色；发型适宜清爽有动感的短发、亮丽的大波浪长卷发；妆容上冷暖色系皆宜，建议尝试清爽明快的水果色系的妆容；服饰适宜清新的浅黄、浅蓝、浅绿色，亮丽的银色与橙色。

4. 铜金发色的搭配

肤色适宜白皙或小麦肤色，也很适宜肤色微黑的女士；发型适宜时尚造型的短发、有层次的齐肩直发；妆容上冷暖色系皆宜，建议尝试透明妆或水果色系；服饰适宜纯度高的黑与白、红与黑、明丽的金色与橙色、天蓝色。

5. 红发色的搭配

肤色适宜自然肤色或白皙肤色，非常适合肤色偏黄的女士；发型适宜有活力的短发、中长直发或卷发均可；妆容适宜暖色调的妆容，金色系、红色系、棕色系等较浓郁的色彩；服饰适宜黑、白、灰经典色，热情的火红色、浓郁的深咖啡色与红棕色。

三、整体形象中美发造型案例

某大学生李同学，年龄22岁，清新文静，菱形脸，她参加国学汉服社社长的竞选，希望展现出组织领导力、干练而文雅时尚的形象（图3-9）。基于李同学的个人信息和她的需求，以下是一个为她设计的整体形象美发造型。

（一）客户档案

姓名：李同学

年龄：22岁

性格：清新文静

面部形态：菱形脸

场合：国学汉服社社长竞选

形象目标：展现组织领导力、干练而文雅时尚

对于参加国学汉服社社长竞选的场合，发型设计需要既体现传统美学又要突显现代感，以适应李同学“干练而文雅时尚”的形象定位。

（二）发型选择

1. 基础款式

由于李同学具有清新文静的气质，并且拥有一张菱形脸，可以选择一款半盘发或全盘发的古典发型，以展现其文雅气质。这种发型可以很好地修饰菱形脸的轮廓，同时亦符合汉服的传统风格。

2. 现代融合

为了不过于传统，可以在发髻的细节上做些现代化的调整，比如在盘发中加入一些轻松自然的编发元素，或者在头发的质感上做出柔软飘逸的处理。

3. 发饰搭配

选用简约而精致的发饰，如木质或玉石发簪，既能够体现汉服的传统文化，又显现出李同学的领导力和个人品味。避免使用过于繁复的发饰。

4. 颜色选择

发色可以保持其自然色，或者染成深棕色、黑色，这样可以更好地与汉服的色彩相协调，同时也符合李同学文静的个性。

5. 实用性考虑

由于是参与竞选，可能需要活动和发表演讲，因此发型需要有一定的稳定性，可以使用适量的发胶或定型产品确保发型整体维持良好。

（三）整体造型效果

在参加国学汉服社社长竞选时，李同学的整体造型将是传统与现代相结合的体现，她的发型不仅会修饰她的脸型，而且将展现出她的清新文静气质，同时也彰显出她的组织领导力和时尚感。这样的造型将有助于她在竞选中给人留下深刻而专业的印象（图3-10～图3-12）。

图3-9

图3-10

图3-11

图3-12

思考练习题

1. 如何理解整体形象中美发造型的地位？
2. 影响美发造型的主要因素有哪些？
3. 如何理解发型美学的表现形式？
4. 请为你的同学制订一个美发造型方案并完成实践操作。

模块四 整体形象的化妆造型

素质目标

通过分析整体形象中的化妆造型，引导学生养成良好的职业道德素养和吃苦耐劳的精神，做到诚信为本，诚恳待人。培养学生能够根据人的容貌特征和个性风格，结合自身的审美创造力和优秀的化妆技术，为客户提供满意服务，具备与客户有良好的沟通能力、与同事有团队协作精神。

学习目标

通过本模块内容的学习，使学生了解化妆造型原则在妆面设计中的基本原则，熟练识别面部特征如何影响化妆造型；掌握化妆造型与发型、服饰、礼仪关系，以及化妆造型在整体形象中的地位。

化妆造型是一个多维度的概念，它涵盖了美学、心理学和社会学等多个领域。通过化妆品的科学运用和造型艺术的精湛技巧，可以优雅地表现出个人的独特风采，无论是在日常生活还是特殊场合，合适的妆发、得体的衣着、良好的个人修养及优雅的谈吐妆容，不仅能够改善个人外观，更能提升个人魅力，深化个体的社会互动，是现代社会中人物形象设计不可或缺的一部分。

单元一 化妆造型

在生活中，我们常以苹果红的脸色，小巧而挺直的鼻子，明亮如星的双眸，樱桃似的小嘴等来形容女性的美。化妆造型作为人们追求自身美的一种手段。运用化妆品和工具，采取合乎规则的步骤和技巧，对人的面部、五官及其他部位进行渲染、描画、整理，增强立体印象，调整形色，掩饰缺陷，表现神采，从而达到美的目的。虽然美的标准并不统一，但面部的美却是整体美中的关键部位。作为提升个人形象和社交效能的化妆造型，面部五官等部位的化妆，不仅仅涉及外表的改善，个人美学的展现，更是一种科学艺术的结合。正确的化妆原则和技巧能够有效地提升个体的外观魅力和社会互动能力，同时反映出对美的深刻理解和尊重。

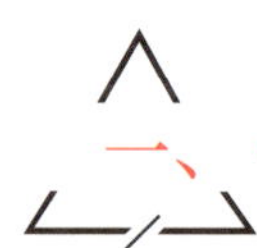

一、化妆造型的依据

1. 根据肤色化妆

肤色对化妆品色彩选择有着直接的指导作用。化妆品色彩的选择是化妆技巧的重要一环，一般应与肤色相似。肤色白皙的人宜采用粉红色调的粉底，以增添一种健康的红润感。而肤色较深的个体更适合选用褐色系列，以保持其自然的肤色美。在选择胭脂和唇膏时，也应注重整体色调的和谐统一。此外，皮肤泛红的人应选择能够提亮肤色且具有透明感的粉底，以便减轻皮肤的红润状况（图 4-1）。

2. 根据皮肤的性质化妆

油性皮肤适宜选择“水包油型”的化妆品，以免加重皮肤油腻感，并应避免使用会导致皮肤不适的普通香皂。干性皮肤应倾向于“油包水型”化妆品，其油分能有效保护皮肤，减少环境因素的伤害。中性皮肤则可灵活选择化妆品，而敏感性皮肤则需谨慎选用低刺激性的产品，避免引起皮肤过敏。

图4-1

3. 根据场合化妆

女性在不同的社交场合应选择适当的妆容。日常休闲可适宜淡妆或不化妆，工作环境中的妆容应体现淡雅、简洁、适度、庄重和专业，而在夜间社交活动中，相对浓重的妆容则可增添光彩（图 4-2）。

4. 根据季节和时间化妆

季节变化和一天中的不同时间段对化妆的色彩选

笔记

择有着显著影响。夏季宜选用清淡色彩，以给人清爽之感；冬季则宜选择较鲜明的色彩，以增添温暖感。夜间的灯光下，浓妆可令人更加耀眼，而日间则应避免过于浓重的妆容（图 4-3）。

图4-2

图4-3

三、化妆造型的原则

1. 扬长避短

在化妆的过程中，重点在于强调面部最吸引人的特征，使其显得更加美丽动人，让妆容更加引人注目；同时，对于面部的不完美之处，应通过化妆技术进行遮盖或改善。

2. 自然真实

化妆效果应该是和谐、不显做作的。轻淡的妆容给人一种优雅、愉悦而清新的印象，非常适用于日常生活和工作场合；浓重的妆容则适用于晚会、婚礼、表演等正式场合，营造出一种庄严和尊贵的感觉。无论是淡妆还是浓妆，都应避免过分厚重，以保持自然真实的效果。化妆师可以运用专业技巧，使用恰当的化妆品，以达到既自然又美丽的妆效。

3. 细致入微

化妆过程不能仅仅追求快速完成，而应注重细节和步骤的严谨性。化妆动作要细腻稳重，并且注意色彩与光线的适宜搭配。

4. 整体配合

化妆时要考虑到个人特点、场合和环境，避免千篇一律，展现独特的个性之美。化妆师在化妆前需要为化妆对象进行专门的设计，强调其个性化特征，避免单纯模仿。应基于化妆对象的面部结构（包括眉毛、眼睛、鼻子、脸颊、嘴唇）特性，打造符合个人特点的整体造型；同时，还需针对不同的场合、年龄及社会角色定制不同的妆容方案。在夜间，尤其是在彩色灯光下，应选用有光泽的化妆品，例如闪亮的眼影、珠光口红等，但应用量不宜过多。切忌在已有妆容的基础上重新叠加新妆，这不仅会让妆容失去光泽，还可能对皮肤造成伤害（图4-4、图4-5）。

图4-4

图4-5

三、化妆造型的表现

1. 正确表现

化妆过程中必须把握正确表现，这涉及对人体特定部位进行适当的修饰。例如，画眉时必须注意眉毛的起点、角度和高度是否符合标准。

笔记

2. 准确表现

“准确”与“正确”虽相似，却有不同的含义。“正确”更多指向理论上的化妆知识，而“准确”则着重于化妆技巧的精准运用。例如，画唇并非只关注大小、厚薄或形状，还要结合脸型、个人气质，甚至考虑适合参与的社交场合。

3. 精致

许多中国女性的妆容欠缺细致。这可能源于缺乏艺术美学的早期教育，缺乏对精细美学的认知和习惯，以及在保持形象上的持续努力。因此，常见妆容中存在粗糙之处，如唇线模糊不清、粉底涂抹不均匀、眉形未得到妥善修饰等。

4. 和谐

化妆的最终目标是达到和谐之美。若妆容能自然地展现个性特色，那将是极好的。和谐涉及三个方面：一是妆容各部分的和谐统一，如柔和的眉形应搭配柔美的唇形；二是妆容与整体形象的协调，即妆容需与发型、服装、饰品等相匹配；三是妆容与外部环境的协调，这包括气质表达、参与的活动场合、年龄、职业和社会地位等，应通过化妆来体现和强调这些元素。

四、化妆造型的意义

随着观念的改变及化妆技术的不断进步，化妆的意义已经超越了古代“女为悦己者容”这一观念的局限，成为现代社会中提升个人魅力与自信、满足职业需要与形象塑造的手段之一（图 4-6、图 4-7）。

图4-6

图4-7

1. 自身美化的需要

由于现实中完美的容貌并不常见，人们通常会有这样或那样的瑕疵。因此，为了追求理想中的美丽形象，人们借助化妆的方法来掩盖自身的缺点。

2. 社会交往的需要

随着女性生活态度和理念的转变，社交活动变得越来越普遍。女性可以通过精心的妆容、得体的着装和发型，结合良好的个人修养、优雅的言谈和庄重的姿态，来充分展现自己的个人魅力。

3. 职业活动的需要

在职场中，根据各个行业或组织对员工外在和内在形象的期望，人们可以根据自己的特点，通过化妆来展示自己美的容貌、文雅的举止和精干的形象，这无疑会帮助他们在工作上取得更加出色的成绩。

4. 特殊职业的需要

对于演员和模特等特定职业人士而言，化妆是一种根据角色和工作需求进行形象转换的工具。它可以通过改变外貌甚至更深层的身份和性格，以实现角色与剧情环境之间的完美融合。

单元二 脸型特征与化妆造型

化妆的过程不仅是为了凸显五官中最迷人的特点，增添其魅力，也是为了隐藏或改善那些不太完美的地方。通过化妆可以被塑造成两种美丽风格：一种是自然之美，它通过精致的淡妆来达成，带给人舒适、愉悦、清爽的感觉，非常适合日常家居或工作场合；另一种是华丽之美，这需要通过浓妆来完成，它赋予人一种庄严而尊贵的外表。

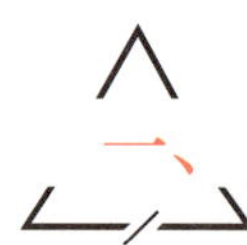

一、三庭五眼与化妆造型

1. 三庭

三庭是指脸的长度比例，在面部正中作一条垂直的通过额部、鼻尖、人中、下巴的轴线；通过眉弓作一条水平线；通过鼻翼下缘作一条平行线。这样从发际线到眉间，眉间到鼻翼下缘，鼻翼下缘到下巴尖，上中下恰好各占三分之一，把脸的长度分为三等分（图4-8）。

2. 五眼

五眼是指脸的宽度比例，以眼形长度为单位，从左侧发际至右侧发际，为五只眼形。

两只眼睛之间有一只眼睛的间距，两眼外侧至侧发际各为一只眼睛的间距，各占比例的 1/5，把脸的宽度分成五等分（图 4-8）。

笔记

3. 凹凸层次

面部的凹凸层次主要取决于面、颅骨和皮肤的脂肪层。当骨骼小，转折角度大，脂肪层厚时，凹凸结构就不明显，层次也不很分明。当骨骼大，转折角度小，脂肪层薄时，凹凸结构明显，层次分明。面部的凹面包括眼窝即眼球与眉骨之间的凹面、眼球与鼻梁之间的凹面、鼻梁两侧、颧弓下陷、颏沟和人中沟；面部的凸面包括额、眉骨、鼻梁、颧骨、下颏和下颌骨。凹凸结构过于明显时，则显得棱角分明，缺少女性的柔和感。凹凸结构不明显时，则显得不够生动甚至有肿胀感。因此，化妆时要用色彩的明暗来调整面部的凹凸层次（图 4-9）。

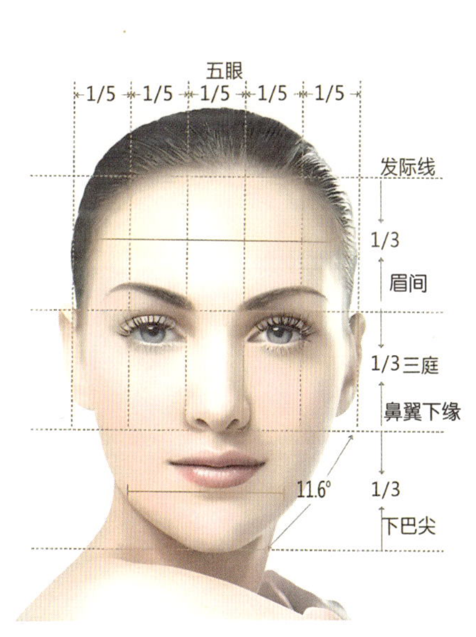

图4-8

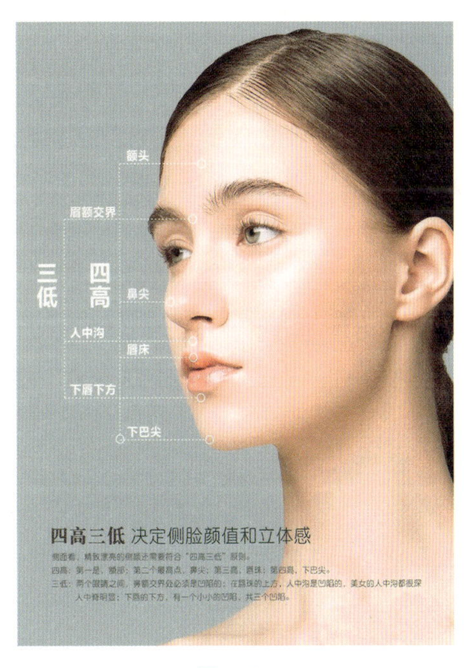

图4-9

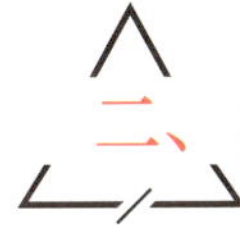

二、脸型特征与化妆造型

1. 圆形脸的化妆

圆形脸女性的面部特征为面颊圆润，脸的长宽比小于 4 ∶ 3。

圆形脸女性化妆修饰的重点是利用阴影色削弱脸宽，利用亮色提高加强面部立体感；使眉毛上扬，加长脸的长度；加强眼的长度，从视错觉上缩短脸的宽度；增强鼻子部位立体感，从额骨至鼻尖提亮，使鼻梁拉长；强调面颊结构和立体感，由颧骨外圆做斜面晕染，颧弓下线部位略深。

2. 方形脸的化妆技巧

方形脸女性的面部特征为脸型线条较直，颧额与下颌宽而方，角度转折明显，脸型长与宽相近。

方形脸女性化妆修饰的重点是利用阴影色眼影削弱宽大的两腮及额头，使面部柔和圆润；眉毛成弧形，削弱脸型的棱角感，眉梢不宜拉长；强调眼部圆润感；鼻侧影应突出表现高耸挺拔，不宜过窄；腮红位置可略提升；两唇峰不宜过近，唇型可描画得圆润些，下唇则以圆弧形为佳。

3. 长形脸的化妆技巧

长形脸女性的面部特征为面部消瘦，面部肌肉不够丰满，三庭过长，大于4 ： 3的面部比例。此脸型缺少生气并有忧虑感。

长形脸女性化妆修饰的重点是适当描画平直且略长的眉型，眉毛不宜过细，可稍粗些以扩充前额长度，从而使整体脸型横向拉长；眼部面积可适当扩充；鼻梁两侧的阴影色晕染面积要窄，短亮色涂干，鼻梁正中面积要宽，上下晕染要短，使鼻梁显宽，收敛其长度；腮红横向晕染，若脸型宽而长，腮红应斜向晕染；唇型宜圆润饱满，底部勾画略宽些。

4. 正三角形脸的化妆技巧

正三角形脸女性的面部特征为额的两侧过窄，下颌骨宽大，角度转折明显。脸的下半部宽而平。

正三角形脸女性化妆修饰的重点是眉宇间距可略宽些，眉毛可描画的细且稍长些，要有一定曲线感，但不可下垂；眼部重点描画外眼角和下眼睑，上下呼应；鼻根部不宜过窄；面颊塑出立体感，浅色涂于颧弓；唇部轮廓要圆润。

5. 倒三角形脸的化妆技巧

倒三角形脸女性的面部特征为上宽下窄，给人以秀美纯情、活泼开朗感，脸型轮廓较清爽脱俗，但也会给人留下一种病态感。

倒三角形脸女性化妆修饰的重点是用提亮色涂在瘦削脸颊两侧，以丰满面部外形；眉毛宜画成拱形，眉峰略向前移，但不宜过粗过长，眉宇间距可适当缩短；眼睛应着重描画上下眼睑、内眼角，但面积不宜过大；鼻部增加立体感；腮可做横向晕染，过渡要自然，不要形成大面积色块。

6. 菱形脸的化妆技巧

菱形脸女性的面部特征为额角偏窄，颧骨较高，两腮瘦削，下巴过尖，脸型略显单薄，给人一种尖锐敏感，不宜亲近的感觉。

菱形脸女性化妆修饰的重点是眉宇间距适当加宽，适宜拱形眉，也可稍长但不可下垂；眼睛着重上眼睑、外眼角描画，下眼睑眼影可适当向外围晕染，用以丰满下眼睑；鼻侧不宜修饰过窄，晕染要柔和；面颊晕染色彩要淡雅不宜修饰过重；唇形应圆润一些，唇峰不可过尖，下唇唇形以圆润为宜。

7. 标准形脸的化妆技巧

标准形脸女性的面部特征为上额略宽，下巴窄而尖，这样的脸型非常具有女性气质，

笔记

给人一种婉约、灵透的印象。

标准形脸女性化妆的修饰重点是在眉毛的处理上，眉色不宜过浓，以浅淡的色彩为主，强调自然、真实的感觉；眼影色应根据妆面的整体设计进行协调，同时要凸显出女性气质；腮红不要过于浓重，可以做横向晕染，色彩应自然过渡；唇型应该用圆润、饱满的线条勾画，强调女性柔美的特点。

单元三　整体形象中化妆造型的地位与表现

化妆造型在整体形象塑造中占据着至关重要的地位。作为一种历史悠久且便捷的美化方式，化妆品和化妆技术的不断创新，将过去简单的化妆扩展到当今的化妆保健，赋予了化妆更深的含义。自古以来“浓妆淡抹总相宜”的理念深入人心，尤其在节庆和喜庆时刻，人们更加注重梳理发型与化妆，彰显了化妆在个人形象展示中的重要作用。无论是素雅的淡妆还是华丽的彩妆，与服饰、发型的和谐搭配能更好地表达个人风格。在形象设计领域，化妆如同点睛之笔，起到至关重要的作用。

单独的化妆造型若没有与整体形象设计相结合，便显得孤立无援。只有将两者融为一体，才能使整体形象更为饱满和完整。化妆造型作为形象设计的一个重要组成部分，在塑造形象的过程中发挥着关键作用。从某种程度上讲，形象应该是一种表征，它反映了社会形象与个人形象之间的动态对比和互动。当我们谈论化妆时，应将其视为塑造形象的目标和成效。化妆被理解为对人体形象进行装饰的技巧和方法，与服装设计在包装人体上有着相似之处，它与形象概念内在相关，是塑造形象的手段和过程，两者之间存在着因果联系。在人们对物质和精神追求不断提升的今天，无论是从专业还是非专业的角度看，化妆在整体形象中的重要性显而易见。

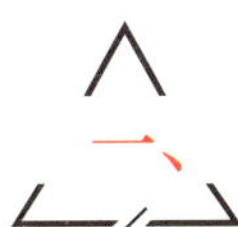

一、化妆与形象各要素间的关系

1. 化妆与发型的关系

只有化妆和发型有机地结合起来才能达到更好的修饰效果（图 4-10）。

（1）圆形脸的化妆与发型　化妆修饰用深色粉底晕染外轮廓，尤其是要用阴影色加重颧弓和下颏；提亮色用于额头、鼻梁、颧骨，使面部看上去变长；另外提亮色用于下颌、眼眶上缘，使面部更具有立体感。发型要充分露出前额，头顶头发要蓬松一些，两侧的头发要尽量服帖，可以有一些弯曲，但不要向外弯。圆形脸不适合两侧头发较多的齐耳短发。

（2）方形脸的化妆与发型　化妆修饰的阴影色要涂于额角、两颊、下颌两侧，提亮色要涂于鼻部、下颌、额部和颧骨；方形脸适合微挑眉，略带棱角，但不宜过细；鼻影应表现鼻的高耸，涂抹于内眼角和鼻根，提亮色从鼻梁涂至鼻尖正中。发型要尽量掩盖脸面四周的角，前刘海应斜向两边打开，遮住额头的角，整个头发应有点波纹样，顶部头发不要贴住头皮，以增强女性的柔美感；不适合长至腮部的短直发。

图4-10

（3）长形脸的化妆与发型　化妆修饰采用阴影色在前额发际线和下颌骨晕色，使过长的脸变得过短些；不易做鼻影，只在鼻中部作提亮色即可；唇部不易勾画得太小，应突出唇部的丰满、润泽，使面部显得圆润。发型要使脸额两侧蓬松，并用刘海遮住前额，这样可以缩短脸部的长度并增加脸部的宽度。

（4）三角形脸的化妆与发型　化妆修饰应着重突出眼睛，用亮色涂于前额，用阴影色涂在两腮及下颌处，以此来平衡视觉美感。发型要注意上部的蓬松和下部的收紧，因此这种脸型非常适合烫发，蓬松的上部和收紧的下部会使脸部显得瘦削，人变得精神；这种脸型不适合上部紧贴、下部蓬松的发式。

（5）倒三角形脸的化妆与发型　化妆修饰用深色在两额角和下颌处渲染，提亮色用在瘦削的面颊两侧，以丰满面部。发型方面上部不要过于蓬松，不适合上松下紧的发型。

（6）菱形脸的化妆与发型　化妆时要将提亮色涂于额角和下颌，用阴影色从侧发际线向内收紧颧骨，减弱颧骨过于突出的感觉；阴影色涂于下巴，减弱下巴的尖度。发型要使额部两侧的发型蓬松、饱满，下颌的发型也应该蓬松些。不适合上额紧、下颌蓬松的发型。

2. 化妆与服装的关系

服装从现代设计的角度讲是以人体为对象进行包装、构思并加以形态化的创作过程。从人体包装塑造形象的角度来说，它与化妆造型如出一辙，是人体形象的有机组成部分，缺一不可，只不过是对人体的修饰部位不同而已，对整个造型艺术来讲二者不分伯仲。所以对人体包装而言，服装与化妆是不可分割的两个组成部分，二者互为补充不可或缺（图4-11）。缺少了任何一部分，塑造出来的形象都是残缺的、不完美的。化妆要为服装设计服务，如果二者背道而驰的话，那就不可能有美的人物形象出现。例如，为出席盛大晚宴设计的礼服，本来要塑造的是女性高贵、温文尔雅的形象，如果胡乱配以带有嬉皮风格的发型，用于舞台表演的创意妆面，那么整合出来的效果岂不是令人贻笑大方。再比如，一个年龄定位为20岁左右的青春靓丽风格的休闲装设计，配以古典的中年女性的发型，棕褐色的眼影，猩红的口红，这种搭配的效果也就可想而知了。由此可见，整体、完美的人物形象是由服装和化妆造型等共同营造的结果，如果将二者彼此割离，只是强调单一的艺术形式和手段，将不会有完美的人物形象的出现。

笔记

3. 妆色与服色的关系

近年来人们越来越重视用服装颜色来修饰皮肤的颜色。因此，在化妆中人们常常选择妆色与服色相协调。服装除了白色、灰色、黑色能与任何眼影、唇膏相搭配外，其他各色服装与唇膏、眼影都有一定的搭配关系。通常化妆的色彩选用要服从整体要求，根据服装色彩用色形成色彩上的协调一致是较为常用的方法（图 4-12、图 4-13）。

图4-11

（1）调性统一　服装的色彩调性与化妆的色彩调性相一致，如服装用色为暖调，妆面相应也为暖调。例如口红的色彩选择要根据服装主色调的冷暖而定，暖调服装配暖调口红，冷调服装配冷调口红。

（2）相互呼应　化妆的色彩可选择与服装色彩相近的配色方案，以求色彩的相互呼应。如果服装色彩比较丰富，既可选用服装的主色，也可以选用服装上的

图4-12

图4-13

任意色彩，形成一定的色彩呼应。

（3）服从整体　色彩反差较大或接近补色关系时，色彩之间的倾向由于对比较强烈而更加鲜明突出，如黄和紫，红和绿，橙和蓝。因此，作为面积感较大的服装色彩应注意形成一定的统调感，而化妆色彩的选择和运用则要服从整体要求。

（4）无彩色服装　黑白灰等色系的服装可以与任意色调的妆面协调，而本色自然，接近对象肤色的妆面，如浅棕色系也比较容易和各种色彩的服装协调。

4. 化妆与礼仪的关系

对一般人来讲，化妆的最实际目的，是为了对自己的容貌上的某些缺陷加以弥补，以期扬长避短，使自己更加美丽，更为光彩照人。经过化妆之后，人们大都可以拥有良好的自我感觉，身心愉快、振奋精神，缓解来自外界的种种压力，而且可以在人际交往中，表现得更为开放，更为自尊自信，更为潇洒自如。

（1）要因时因地制宜　化妆要做到“浓妆淡抹总相宜”，就要注意不同的时间和场合。公务人员要以淡雅的工作妆为宜，略施粉黛，清新自然。特别是白天，不能化浓妆。粉底过厚，口红过艳，是不合工作礼仪的，也会令人产生过于重视化妆，不把精力放在工作上的误解。公务人员参加晚间的社交场合，例如参加晚宴，出席晚会，就可以适当使用晚装，可以穿带有艺术性、色彩和样式都比较突出的时装，但是也不能太出格，还是以大方雅致为宜。一些年轻女性，不施粉黛，也显得淳朴自然。但在正式场合，最好还是适当化些淡妆，尤其是参加一些外事活动，因为在国外，正式场合不化妆，会被认为是对对方的不尊重，是不礼貌的行为。

（2）切忌当众化妆或补妆　公共场合是不能化妆或补妆的。职业女性切忌在上班时间或一些公共场合化妆、补妆。常见一些女性，上班时间，一有空闲，就照镜子，描眉画唇，这是失礼的行为，既不尊重自己，也妨碍他人。上班前或参加活动前就要化好妆，其间需要补妆要到洗手间或化妆间进行，不能在大庭广众之下当场表演。

（3）注意美容护肤相结合　化妆属于消极美容，适当化妆可以掩饰一些缺陷，增加几分妩媚。但过多或长期使用化妆品，会对皮肤造成不良刺激和一定程度的损伤。适当参加户外体育活动，保持良好的心境，保证充足的睡眠，注意良好的饮食习惯，坚持科学的面部护理，都是一些积极的美容方法。

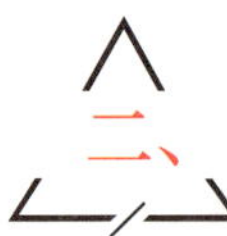

二、整体形象中化妆造型案例

某公司王小姐，年龄24岁，性格开朗大方，五官清晰，她需要参加一个晚宴，希望展现出优雅而时尚的形象（图4-14）。整体形象中的化妆造型通常涉及场合需求、面部分析、化妆设计、发型搭配和整体造型。基于王小姐的背景信息和需求，以下是一个为她量身定做的整体形象化妆造型。

（一）客户档案

姓名：王小姐

笔记

年龄：24 岁

性格：开朗大方

五官：清晰

场合：晚宴

形象目标：优雅而时尚

对于参加晚宴场合，须强调整体造型中化妆、发型、服饰的和谐统一，以及根据个人特点和场合需求进行个性化设计的重要性。

图4-14

（二）面部分析

王小姐的年轻肌肤通常状态良好，五官清晰给予了化妆师很好的基础条件。她的性格开朗大方，所以造型不应过于严肃，而应该有活力同时保持优雅。

（三）化妆设计

1. 底妆

要选择自然贴合的粉底，创造出光泽感的皮肤。可以使用具有保湿效果的液体粉底，适当遮盖任何瑕疵，然后用定妆粉轻扫 T 区防止油光。

2. 眼妆

鉴于她希望展现优雅而时尚的形象，可以选择中性色调的珠光眼影作基调，如香槟色或淡棕色。眼线可以用深棕色或黑色眼线笔细致勾勒。根据王小姐的眼型，选择适当长度和密度的假睫毛增加眼部的立体感。

3. 腮红

选择桃粉色或淡玫瑰色的腮红，从苹果肌斜向耳际轻扫，以呈现自然的红润感。

4. 唇妆

根据晚宴的环境，可以选择一款不太张扬却能彰显个性的唇色，如裸色或淡玫瑰色，保证唇妆细腻且不失时尚感。

（四）发型搭配

王小姐的开朗性格适合稍微有些随性的发型，可以选择一款松散的低扎发或半扎发，显露颈项的线条，增添优雅气质。若头发有波浪和质感，可以用发喷雾固定，营造出自然流动的效果。

（五）服饰搭配

1. 服装

选择剪裁优雅的晚礼服，考虑到王小姐的年龄和性格，可以选择一些有现代感和设计感的款式，如高腰线设计的连衣裙，颜色可以是经典的黑色或是比较柔和的色调，如浅灰、深蓝或瓷白色等。

2. 配饰

为了突出优雅气质，可以选择一些简约而有设计感的配饰，如银色或白金材质的细长项链，小巧精致的耳环，以及一两个简单的手镯或手环。

（六）整体造型效果

王小姐在化妆师和造型师的精心打造下，呈现出既优雅又不失时尚、活力的形象。她的整体造型既符合她的年龄特点，又体现了她大方开朗的性格。在晚宴上，她无疑将会成为一道亮丽的风景线（图 4-15、图 4-16）。

图4-15

图4-16

思考练习题

1. 如何理解整体形象中化妆造型的地位?
2. 化妆造型的依据有哪些?
3. 如何理解化妆造型的表现原则?
4. 请结合某特定场合为你的同学制订一个化妆造型方案并完成实践操作。

笔记

模块五 整体形象的服饰搭配

素质目标

通过分析整体形象的服饰搭配，阐释服饰搭配的美学法则，引导学生认识服饰礼仪和体型特征的具体搭配运用，从而帮助学生塑造正确的服饰搭配意识，树立积极的人生观。

学习目标

通过本模块内容学习，使学生了解服饰搭配的美学法则、搭配要素等内容，熟悉服饰与脸型、体型特征的具体搭配运用，掌握服饰搭配在整体形象设计中的作用和地位。

人的整体美依赖于和谐美妙的服饰搭配，并与周围时尚的事物统一起来。高明的打扮艺术能使服装配件给人的生活赋予更深刻而丰富的情感体验和审美享受。服饰搭配对于人物形象的整体造型和色彩的协调有着不可忽视的重要作用。有成就的造型师都是将服饰配件与人物造型同时考虑进去，使之相互和谐和相互辉映。服饰搭配的作用不仅仅在于可以装饰和点缀，同样重要的是它们可以调整、平衡、强调和烘托人物形象的某些艺术特点，起着和谐、均衡、对比、互补的美化效果。

笔记

单元一

服饰搭配

一、服饰搭配美学法则

服饰搭配作为艺术设计的一种，是以追求发挥服装的最佳组合来烘托人体美为其目的。形式美法则对于服饰搭配具有重要作用，服饰搭配既要遵循形式美法则的规定，又要考虑不同人的感觉（图 5-1、图 5-2）。

图5-1

图5-2

1. 比例

对于服装来讲，比例也就是服装各部分长短、数量、大小之间的对比关系。例如各层裙片长度、裙长与整体服装长度的关系；裙子的面积大小与整体服装大小的对比关系；外套与内衣大小比例关系。当服装的数值关系达到了美的统一和协调，被称为比例美。

2. 平衡

平衡其表现为对称式的平衡和非对称性平衡两种形式。这种平衡关系应用于服饰搭配中可表现出一种严谨、端庄、安定的风格，不对称的平衡打破了对称平衡的呆板与严肃，营造出活泼、动态、生动的着装情趣，追求静中有动，以获得不同凡响的艺术效果。

3. 节奏与韵律

节奏、韵律本是音乐的术语，指音乐中音的连续，音乐之间的高低以及间隔长短在连续奏鸣下反映出的感受。在设计过程中要结合服装风格，巧妙应用以取得独特的韵律美感。通过裙子中不同层次及黑白色彩的渐变效果，创造出有韵律的节奏。

4. 强调与夸张

服装须有强调才能生动且引人注目。强调的效果是可以转移人的注意力，把最美的效果首先展示给人们，强调和夸张的法则在特殊体型着装中的运用，可以很有效地掩盖人体的缺点，发扬人体的优点。在服装搭配中可加以强调的因素很多，主要有造型上的强调、色彩的强调、材质的强调、量感的强调等，通过强调能够使服装更具有魅力。

5. 变化与统一的协调

变化与统一是构成服装形式美诸多法则中最基本、最重要的一条法则。在服装搭配中多元素的组合既要追求款式、色彩的变化多端，又要防止各因素杂乱堆积缺乏统一性。在变化中求统一，并保持变化与统一的适度，才能使服装搭配更加完美。

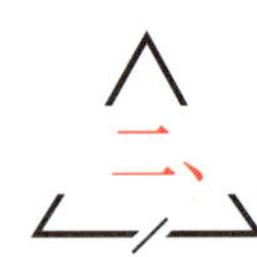

二、服饰搭配原则

由于人们在穿着打扮上要受到人的自身条件、自然环境和社会环境等因素的制约，要受到旁观者的评判，所以，服饰搭配恰当与否，不只是穿着者本人凭自我感觉随心所欲决定的，它应当在综合考虑人的自身条件、自然环境、社会环境以及公众评价等前提下，遵循一定的原则（图 5-3、图 5-4）。

1. 因人而异原则

服饰搭配总是围绕具体的人进行的，它所修饰和呵护的对象就是人，所以考虑服饰搭配的问题总离不开穿着者个体。

因人而异就是要求穿着者根据自己对美的理解和认识，结合自身条件和所处自然环境、社会环境条件进行服饰搭配方面的自我设计，在穿着打扮中创出与众不同的、符合自己个性特点的新意来。可以说，突出穿衣打扮的“个性化”就是因人而异最好的表现。而在日常生活中，穿衣打扮的单纯模仿倾向时有发生，这是有悖于因人而异的规则要求的。

2. 合体得体原则

合体是指服饰搭配的方式要与人体特征及活动要求相吻合，要满足身体健康需要。对于穿着者来说，合体有两层意思：一是要求服装及其他饰品的规格尺寸要与人体的相关部位相协调，并有满足人体活动需要的余量。二是要求相应的服饰配件，如鞋帽、领带、首饰、围巾等物品在色泽、质地、造型上与穿着服装配套，构成良好的整体效果。

得体则是指服饰搭配的方式要与穿着者的性别、气质、职业，以及所处的自然环境

图5-3

图5-4

笔记

和社会环境相吻合。比如男人正式场合穿西服套装要佩戴领带；女性参加庄重场合的活动，不穿过于暴露的服装，如吊带裙、超短裙等；少女不要过度地披金戴银，不必浓妆艳抹等，都属于穿着打扮是否得体所涉及的问题。另外，得体的穿着打扮还应该注意自然因素，如气候与季节的变化；注意社会政治、经济及法律、道德等方面的制约，不要违背自然规律和社会准则。

3. 整齐干净原则

整齐干净的原则是服饰装扮最根本的原则。一个穿着整洁的人总能给人积极向上的感觉，总是受欢迎的，而一个穿着褴褛肮脏的人给人感觉总是消极颓废的。在社交场合，人们往往通过衣着是否整洁大方，来判断一个人对交往是否重视，是否文明有涵养等。整洁干净的原则并不意味着穿着的高档时髦，只要保持服饰干净合体、全身整齐有致便可。

三、服饰搭配要素

1. 色彩要素

色彩是服饰搭配中最为重要的形式要素之一，它不但决定给他人的第一感觉，而且也是一个人心理特征最直接的外在表现，当然，要更加注意根据每个人的不同肤色来选择色彩，不要为了追求流行而忘记了有些色彩与肤色相排斥（图 5-5）。如暖米色的肤色就不适合紫色系的服饰；黑色头发会使冷色调肤质更加白皙。

2. 风格要素

风格是服饰搭配美最直接的体现，包括一个人的内在修养、气质、思想、文化与外貌、身体、神情、动作综合呈现的个人形象风格，以及设计师个人思想倾向、性格特点、审美情趣和艺术修养在设计形象中综合体现的创作风格。由于时代、民族及社会生活层次的不同，人们的风格体现也是各有千秋（图5-6）。

图5-5

图5-6

3. 款式要素

服装造型在人物形象中占据着很大视觉空间，因此，也是形象设计中的重头戏。选择服装款式、颜色、材质还要充分考虑视觉、触觉与人所产生的心理、生理反应。服装能体现年龄、职业、性格、时代、民族等特征，同时也能充分展示这些特征。一个形象设计师除了能熟练掌握美发美容工艺外，还要了解服装的款式造型设计原理，及服装的美学和人体工程学的相关知识。当今社会人们对服装的要求已不仅是干净整洁，而是增加了审美的因素。因人而异，服装在造型上有A字型、V字型、直线型、曲线型；在比例上有上紧下松或下紧上松；在类型上有传统的含蓄典雅型、现代的外露奔放型。这些在形象设计中运用得当、设计合理，服装将会使人的体型扬长避短（图5-7）。

4. 材料要素

不同质感和量感的发型、妆容及服饰能体现其整体形象的质量和感观的高级与否（图5-8）。

图5-7

图5-8

如服装的选择，丝绸柔软、光滑、光泽能显出一个人的富丽、高贵；皮革质地坚硬，能体现出坚强、阳刚之美。同样人的皮肤质感与服装材料质感也是一种构成关系，结合得当才能衬托皮肤的美感，如粗糙皮肤的人就不适合选择光滑、细腻面料，这样会使皮肤感觉更加粗糙。

5. 形体要素

美化个人形体是形象设计的基本作用之一。服饰、发型和化妆是个人形象的外在形式，人的形体又是其效果的载体，所以必须确定如何选择最适合扮美形体轮廓的最好款式（图5-9）。人的体型大概分为：胖体型、瘦体型、高大体型、矮小体型。以胖体型为例，胖体型的人身材线条不分明，胸部、腰部、臀部呈浑圆状，不轻盈，略显笨重；穿衣原则均为宽松，宜加垫肩，线条简洁的款式。视觉重点应该放在领部，利于视线转移，不宜过于烦琐的、图案繁杂的款式。

6. 饰品要素

在形象设计中饰品有“画龙点睛”的作用，当然选择不当也能破坏原有效果。饰品包括围巾、帽子、腰带、领带、提包、眼镜、鞋子等。它可分为装饰性和实用性两种，领带、胸花、戒指、项链、耳环、属装饰类；腰带、皮包、鞋子、袜子属于实用类。饰品不但能增添一个人的魅力，张扬个性，而且还可以通过饰品的造型、色彩提高其档次，增添仪容光彩，显示一个人的文化品味和审美价值，但是前提必须遵从整体形象设计的主要原则，即整体形象色彩、造型及风格的和谐统一（图5-10）。

图5-9

图5-10

笔记

单元二　体型特征与服装搭配

一、脸型与服饰搭配

1. 长形脸

不宜穿与脸型相同领口的衣服，更不宜用V形领口和开得低的领子，不宜戴长的下垂的耳环。适宜穿圆领口的衣服，也可穿高领口、马球衫或带有帽子的上衣；可戴宽大的耳环。

2. 方形脸

不宜穿方形领口的衣服；不宜戴宽大的耳环。适合穿V形或勺形领的衣服；可戴耳坠或者小耳环。

3. 圆形脸

不宜穿圆领口的衣服，也不宜穿高领口的马球衫或带有帽子的衣服，不适合戴大而圆的耳环。最好穿V形领或者翻领衣服；戴耳坠或者小耳环。

4. 菱形脸

这种脸型尖锐狭长，其下颌上额皆显狭小，利用刘海将上额遮住，而且两鬓要梳得较蓬松，如此就可增加上额的宽度，脸型便形成倒三角形，衣领的选择也就没有限制了。

5. 倒三角形脸

类似心形，上额宽大、下颌狭小，是属于理想的短形脸之一，所有的领子都适合。

6. 三角形脸

好像梨形、下颌宽大、上颌狭小、穿V字形的领子可使脸型柔和些。

二、颈肩与服饰搭配

1. 粗颈

不宜穿关门领式或窄小的领口和领型的衣服；不宜用短而粗的紧围在脖子上的项链或围巾。适合用宽敞的开门式领型，当然也不要太宽或太窄；适合戴长珠子项链。

2. 短颈

不宜穿高领衣服；不宜戴紧围在脖子上的项链。适宜穿敞领、翻领或者低领口的衣服。

3. 长颈

不宜穿低领口的衣服；不宜戴长串珠子的项链。适宜穿高领口的衣服，系紧围在脖子上的围巾；宜戴宽大的耳环。

4. 窄肩

不宜穿无肩缝的毛衣或大衣，不宜用窄而深的V形领。适合穿开长缝或方形领口的衣服；可穿宽松的泡泡袖衣服；适宜加垫肩类的饰物。

5. 宽肩

不宜穿长缝的或宽方领口的衣服；不宜用太大的垫肩类的饰物；不宜穿泡泡袖的衣服；适宜穿无肩缝的毛衣或大衣；适宜用深的或者窄的V形领。

三、四肢与服饰搭配

1. 粗臂

不宜穿无袖衣服，穿短袖衣服也以在手臂一半处为宜；适宜穿长袖衣服。

2. 短臂

不宜用太宽的袖口边；袖长为通常的袖长3/4为好。

3. 长臂

衣袖不宜又瘦又长，袖口边也不宜太短。适合穿短而宽的盒子式袖子的衣服，或者宽袖口的长袖子衣服。

4. 粗腿

不适合穿紧身裤、短裤、宽而短的裙裤，穿宽松的裤子、直筒裙均能掩饰此缺点。小腿过粗，最简单的遮掩法是穿长裤，若穿裙子应穿长裙，裙长比小腿最粗处长1～2厘米为宜。裙子的长度最好不要在小腿最粗处。

5. 短腿

可以通过选择与下装同色系的款式来拉长腿部，由于色彩的一致性会让视线随之延伸，可以造成长腿的视觉假象。

6. 弯腿

可以选择长度在膝盖以下到小腿中间的款式，注意不要选择长度直到脚踝的款式，那样会把双腿全部紧裹住，让弯曲的线条更加明显了。

笔记

四、躯干与服饰搭配

1. 胸部平坦偏小

可以多利用服装的图案、皱褶、蝴蝶结、花边等复杂的装饰使胸部变得丰满，也可以穿宽松的上衣来加强身体的膨胀感，避免穿着低胸、紧身服装，可多利用丝巾来掩饰胸部（图 5-11）。

2. 上半身较长

在服装方面，应穿着垫肩的衣服，使肩膀略鼓高，如此才能把腰线提高约 5 厘米。以高腰裤、短上衣搭配可以弥补身材的不足。鞋子方面，应穿着无鞋带的轻型鞋，中等跟比较合适，可以使腿显得长而不夸张，并要配合服装的颜色（图 5-12）。

3. 臀部较大

主要选择下摆紧缩的衣服，要用柔软而不贴身的面料，外形上采用 A 型或略

图5-11

图5-12

为展开的裙子，配以柔软且带有褶裥可收缩装饰的衬衫，要避免突出臀部的碎褶裙或百褶裙，还有任何有大格子和大花的裙子。用直筒型的衬衫或运动式的长外衣，腰部不打褶或收缩或用长裤来掩饰，会使臀部看起来显得较小（图5-13）。

4. 臀部较小

这种人天生具有少女的气质，因此也应穿具少女气息的衣服。这种体型穿何种衣服都不难看，但却缺少女性的丰满圆滑感，令人感觉骨瘦如柴。所以在服装选择上建议采取带男性气息的服装，同时兼顾女性化的意味，可在腰部加褶裥来扩大视觉效果（图5-14）。

图5-13

图5-14

5. 腰部粗大

应采用逆三角形的穿着，衣服下摆不可宽大。一般不应使用腰带，特别是细小的腰带，可以穿着有大胆花样的布料所制的衣服及美观的宽松衣服，也应选择能使肩膀显得宽阔的服装（图5-15）。

6. 腹部突出

多利用层叠搭配的原理，如在衬衫或毛衣外加一件背心、上衣，让视线有层次感，也可利用配件转移他人的注意力，多在胸以上的部位做装饰，如在脖颈上系丝巾，在胸前佩戴胸针等。避免穿连体的连衣裙和紧身的服装（图5-16）。

图5-15

图5-16

笔记

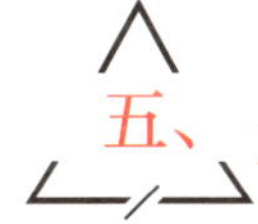

五、身材与服饰搭配

1. 身材高大

身材高大的男性显得魁梧，但女性却容易给人压迫感，因此必须注意采取自然的装扮与修饰，配合带有柔和的表情与动作，这样才更具有女性魅力。

服装上应采取大摆的裙子，避免穿筒裙和紧身裙、高腰的裤子。穿着横条纹、斜条纹等花样的衣服能显得更美丽。鞋以平底为主。另外，可以在腰部装饰小花或选用裙子有大花的图案，这样可减少上半身的高度感。

2. 身材矮小

为了显出较高大感，应选用紧身衣裙或细长的紧身裤。不宜穿着大开口衣领的衣服或多褶袖子的衣服，也不宜穿很多褶的裙子（迷你裙例外）或长至小腿的长裙。另外，不要勉强穿高跟鞋，应穿着易于行走，鞋跟略高的鞋子，以便能舒适走路。

3. 身材偏胖

应穿着 V 字型或纵向开领的衣服。不宜穿着圆形衣领或花边的衣服。色调方面来说，能使身体有结实感的颜色是黑色、深蓝色等暗色调的颜色，但是经常穿黑色调的衣服也不太好，可以穿着白色与黑色的纵条纹或有白色水珠花样的衣服，再配合紧身内衣裤即可。装饰品或手提包方面，应采用无花边轻快型的，不宜戴细小的项链，可使用有粗大感的背带型背包。鞋子应穿着略粗大跟的鞋，即使是夏季也不要穿白色的鞋。

4. 身材瘦削

最适合穿着宽松型的服装。衣领部分宜采用花边或褶纹，具有丰满感，而且也能掩盖细小的脖子。袖子也应有褶或采取肩袖宽而袖口窄的样式，以显出丰满感。胸前的花样必须采用横方向或斜方向的样式。不可穿着贴身或较暗色的纵纹花样的衣服以及翻领衣服等。色彩上应采用柔和感的色调，各方面的颜色必须加以配合。装饰品方面不能使用细长或长形的装饰品，应使用又粗又短的装饰品，使用花束型的胸针也能显出丰满的柔和感。

服饰搭配除了与体型身材协调外，还应注意与年龄相吻合。不是所有的服饰搭配都适合同一个年龄。由于年龄的差异，从服装款式到色彩均有讲究。一般而言，年轻人可以穿得鲜亮、活泼随意些，而中年人相对应穿得庄重严谨些。年轻人穿着太老气就显得未老先衰没有朝气，相反，老年人如穿太花哨就被认为老来俏。当然，随着生活的发展，人们的着装观念也发生了许多变化，一个很明显的趋势就是年轻人试图通过素雅的服饰来强化自己的成熟期，中老年人希望通过花哨的服装来掩盖岁月的痕迹。但不管怎么说，服饰的选择始终还是有年龄差异的，青春自有独特的魅力，而中老年人自然也有年轻人无法企及的成熟美，服饰搭配唯有适应这种美的呼应，方能创造出服饰的神韵。

单元三 整体形象中服装搭配的地位与表现

服饰是形象设计的重要组成部分。服装的轮廓、造型、色彩及风格成了形象设计的主体，是形象设计最为有力的设计语言之一。人的整体美依赖于和谐美妙的服饰与周围时尚的事物统一起来。高明的打扮艺术能让服装配件给人的生活赋予更深刻而丰富的情感体验和审美享受。服装配饰对于人物形象的整体造型和色彩的协调有着不可忽视的重要作用。有成就的造型师都是将服饰配件与人物造型同时考虑进去，使之相互和谐和相互辉映。服装配饰的作用不仅仅在于可以装饰和点缀，同样重要的是它们可以调整、平衡、强调和烘托人物形象的某些艺术特点，起着和谐、均衡、对比、互补的美化效果（图5-17、图5-18）。

服饰与人的整体形象是不可分割的，它对于构成人的形象魅力有极为重要的作用。一个完美的整体外在形象不是偶然取得，而是通过对服饰配件的每个部分进行精心的安排和谨慎的修饰而获得的。在选用饰品的过程中，要注意把饰品设计和服装设计、化妆设计及发型设计等方面综合起来考虑，做到不仅考虑到整体形象创意，还要照顾每一个局部之间的关系以及形象的原型、人物的条件，在设计的同时，不断调整、改进，以达到形象设计应该达到的包装效果。只有这样才能保证整体外在形象从头到脚是平衡而和谐的。如用一

朵花做装饰，它的每一个可见的细节都必须与整体着装相配，否则想要的效果就会失去。配件能给整体最后的润色，也能完全破坏原有的效果。因此，配件的颜色和形状等必须与整套服装乃至整体形象相配。

一、服饰搭配的协调性

人物形象设计的整体性表现是由服装、饰品等多种因素组成的，相互间如结合不当就会影响整体设计的效果（图 5-17、图 5-18）。

1. 服饰搭配与风格相协调

从风格上说，饰品应与服装相符，由于它们是一个整体，受到相互制约。如一款具有田园意趣的裙装上配前卫风格的饰品显然是不协调的。好的作品在风格的协调上应具有独特性和一致性。如 20 世纪 20 年代初出现的不强调女性曲线的直筒式连衣裙或男孩式打扮的 T 恤、衬衫和裤子，配上短发型、钩针帽或小野鸭帽，形成了较为夸张的“小野鸭风貌”，显得可爱纯真，受到少女们的青睐。

20 世纪 30 年代初欧洲女装外形细长、贴身，与之相配的是圆顶窄边的钟形

图5-17　梁义作品1

图5-18　梁义作品2

小帽，平滑而又紧贴地戴在头部。在帽子的一侧饰有羽毛或花朵，使帽子和服装形成一个有机体，成为一种典型的淑女风格。

2. 服饰搭配应与创意相协调

在创意设计中，饰品的设计常常是别致大胆、令人惊奇，但仍与服装款式紧密相关。如表现向日葵的服装，将服装设计为向葵花的枝叶，而头饰的造型正好是一朵大大的向葵花，人们远远望去，所感受到的是整体形象似花非花的清新氛围。

3. 服饰搭配应与色彩相协调

服饰配件的色彩要与整体协调，人物形象设计的配色讲究整体性和协调性。美与不美虽依赖于设计师的修养、消费者的审美水准等因素，但也有其共性。

4. 服饰搭配应与材质相协调

从服饰配件的材料和整体相配的角度看，服饰配件应尽量与人物形象设计整体相协调。创意性的设计往往采用的材质都很独特，这就需要周密地考虑这些材质与人物形象之间的关系，切忌在设计中强调了局部而忽视了整体，给人以喧宾夺主的感觉。

二、服饰搭配的整体性

服饰搭配的品种极多，每一种服饰配件都随着人物形象的变化而更改。在人物形象设计中，往往有如下几种情况。

1. 服饰的创意性组合

无论中外设计师的作品都非常讲究服饰配件的整体搭配，通过服饰配件的功能性和装饰性，体现设计师的创意思想、作品风格及表达出穿戴者的气质与风度。因此，这类设计作品大都有较为典型、夸张、突出、强烈的服饰配套，装饰手法多样，装饰风格恰到好处，使人感到服饰配件的风采和美感。

2. 服饰的风格表达

设计师作品的整体美感从服装、面料、色彩到风格的表达及情感的表现，都尽可能地接近或达到设计师的意图。由服装的整体性与饰品完美结合的形式提高人们的审美意趣，得到人们的共赏，达到更好的风格体现。我们可以从许多作品中欣赏到风格各异、款式众多的优秀作品。

3. 服装与饰品的配套

市场上的服装，大都以单独的套装形式出现，很少考虑与饰品的配套。在许多国家和地区，包括我国，服装与饰品等行业基本脱节，各属自己独立的系统，造成了饰品与服装之间的距离。如大众款式的饰品无法与新款时装配套，服饰形象的独特风格也无法完美地体现出来。因此，作为设计师，无论你的作品面向市场还是展现个性，都应从整体的角度去设计。是否应该配饰品，完全按照设计意图和人物形象的整体效果去考虑。

笔记

三、整体形象中服饰搭配案例

某时尚博主琪琪，年龄 34 岁，知性大方，国字脸，棕色短发，妆容精致（图 5-19），应邀参加商务年会并发表演讲，希望展现出儒雅、有亲和力、干练的服饰形象。

（一）客户档案

姓名：琪琪

年龄：34 岁

个性：知性大方

面部形态：国字脸

发型：棕色短发

妆容：精致

场合：商务年会

形象目标：儒雅、有亲和力、干练

商务年会是一个展示专业形象的绝佳机会，因此服装选择应该既要体现出琪琪的知性大方，也要符合商务正式的环境，同时要有一定的时尚感。根据琪琪的个人特点和场合需求，以下是为她量身定制的服饰搭配方案。

图5-19

（二）服装款式

1. 西装套裙或套装

选择一套剪裁精良的西装套裙，颜色可以选择深蓝色、深灰色或经典的黑色，这样的颜色显得专业而不失时尚感。服装的线条应简洁流畅，可以有一些细微的设计，如轻微的腰线收紧或是领口的特别设计，以彰显琪琪的个性。

2. 服装面料

选择质地上乘的面料，如羊毛混纺，这不仅可以提升整体的档次感，而且也更加有利于保持整体的挺括效果，展现干练的形象。

3. 颜色搭配

服装以单色为主，低调印花亦可，以避免过于花哨影响专业形象。

4. 服装细节

可以在服装的细节上增添一些亲和力的元素，如领巾、胸针或是一些简约的金属装饰，既能呈现儒雅的气质，又不失亲和力。

（三）配饰设计

选择简单大方的首饰，如一个小巧的项链和不张扬的耳环，可以提升整体的精致感。选择一个设计简约的商务手袋，颜色与服装相呼应，既实用又时尚。

（四）鞋履选择

选择一双简洁设计的黑色或深色系高跟鞋，不仅可以增加身高，还能够提升整体气质。

图5-20

（五）妆发搭配

保持精致不过度的妆容，自然的底妆配上淡雅的眼妆和唇色。保持短发的干净利落，可以用一些发蜡或啫喱水打造出自然的质感。

（六）整体造型效果

琪琪在商务年会上将呈现出一个知性、儒雅而又不失亲和力的专业形象。她精致的妆容和整洁的短发将与她的服饰搭配相得益彰，整体形象干练而有力，非常适合商务场合，有助于她在发表演讲时给人留下深刻且积极的印象（图5-20）。

思考练习题

1. 简述服饰搭配的原则。
2. 简述服饰搭配的要素。
3. 试述整体形象设计中服饰搭配的地位。
4. 请根据不同场合为你的同学制订一套服饰搭配方案并完成实践操作。

整体形象的仪态美学

素质目标

通过分析整体形象的仪态美学，阐释礼仪和仪态概念，引导学生对“四礼八仪”的正确理解和运用，从而帮助学生提升道德标准，培养个人修养，促进社会的和谐与稳定，增加自己的职业竞争力。

学习目标

通过本模块内容的学习，使学生了解礼仪的原则、仪态美学的表现等内容，熟悉仪态美学的构成和仪态美感的养成，掌握仪态美学和礼仪在整体形象设计中的作用和地位。

仪态美学是指人类外在美的体现，包括仪表、举止和姿态。它是人们将自己作为审美对象进行自我审视的结果，也是人们按照美的规律来修饰自己外表的结果。

仪态是整体形象的一部分，通过端庄、大方的站姿、坐姿，自信的步态和优美的手势语言，展示着人们的气质和风度。在古代中国，形容无法言说的身体美时，只用一个字——“态”。这个字表示优雅、自然和生动的姿态和动作，是风度和气质的表现，是一种美的身体语言！在人际交往过程中，根据科学观察的结论，在最初的7秒，人们通常会关注静态的视觉表达，而从第8秒开始，就会关注动态的行为表达。仪态美学就是在与人初次接触的7秒内展现出来，这时必须以站立的姿势出现，展示最自信、最有把握的形态。

单元一 仪态美学

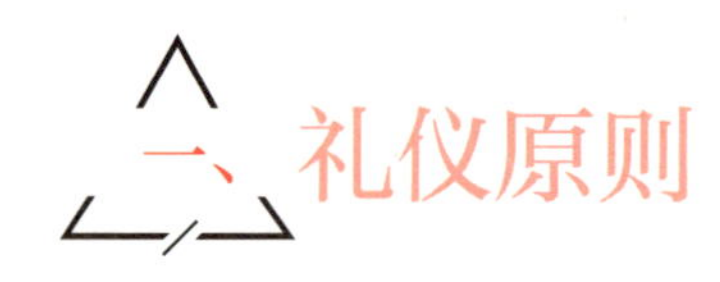

一、礼仪原则

1. 遵时守约

遵时守约是指邀约要事先发出邀请，不论是邀请方还是被邀请方，都应提前发出邀请，并且答应后要按时履约，遵守约定的时间。无论出于何种原因，不守时都是不礼貌的行为。中国传统礼仪强调人与人之间的信义，倡导“一诺千金”。改革开放后，社会节奏加快，守时更加重要。没有诚信，就不会有商品经济的发展，也不会有国际合作的增强和社会的进步。

2. 公平对等

公平对等是指尊重交往对象，对所有交往对象都应一视同仁，给予相同程度的礼遇。不允许因为交往对象在地位、财富以及与自己的关系等方面存在差异，而给予不同待遇。这是社交礼仪中平等的基本要求。

3. 和谐适度

和谐适度是要求使用礼仪要根据具体情况进行分析，因人、因事、因时、因地采取相应的处理方式。在运用礼仪时要注意把握分寸，认真得体，既不卑躬屈膝，也不过于张扬。分寸感是礼仪实践的最高技巧，过犹不及都不能正确地表达自律和尊重他人的意图。因此，要做到和谐适度。

4. 宽容自律

宽容自律是要求人们在交际活动中，既要严于律己，也要宽容待人。要多容忍他人，多体谅他人，多理解他人，学会为他人着想，善解人意。宽容和自律是现代人应具备的基本素质。只有能理解他人，才能做到宽宏大量，不要斤斤计较、苛求对方。宽容是尊重对方的主要表现，自律是对待个人的要求，是礼仪的基础和出发点。

5. 尊重习俗与不违反风俗禁忌

尊重习俗与风俗禁忌是指世界各地的民族地区都可能有自己独特的风俗禁忌，我们应该理解并尊重它们，不违反这些禁忌。《礼记》中有云：“入境而问禁，入国而问俗，入门而问讳。”俗话说，“十里不同风，八里不同俗”“到什么山唱什么歌”，这些劳动人民的智慧语言都说明了尊重各地不同风俗与禁忌的重要性。

笔记

三、仪态美学的表现

1. 谈话姿势

一个人的性格、修养和文明素质常常在谈话的姿势中得以反映。因此，在交谈时，首先要相互正视和倾听，而不是四处张望、看书、看报、面带疲倦或打哈欠。否则，会给人留下心不在焉、傲慢无礼等不礼貌的印象（图 6-1）。

图6-1

2. 站立姿势

站立是人最基本的姿势，是一种静态的美。站立时，身体应该垂直于地面，重心放在两个前脚掌上，挺胸、收腹、收背、抬头、放松双肩。双臂可以自然下垂或交叉在胸前，眼睛平视，面带微笑。站立时不要歪脖、弯腰、曲腿等。在一些正式场合，不宜将手插在裤袋里或交叉在胸前，更不要下意识地做些小动作，这样不仅显得拘谨，给人缺乏自信之感，而且也违背了仪态庄重（图 6-2）。

3. 坐立姿势

坐姿也是一种静态造型。端庄优雅的坐姿会给人以文雅、稳重、自然大方的美感。正确的坐姿应该是：腰背挺直，肩放松。女性两膝并拢，男性的膝部可以稍微分开一些，但不要过大，一般不超过肩宽。双手自然放在膝盖上或椅子扶手上。在正式场合，入座时要轻柔、缓慢，起座要端庄稳重，不可猛起猛坐，弄得桌椅乱响，造成尴尬气氛。无论何种坐姿，上身都要保持端正，像古人所说的“坐如钟”。只要坚持这一点，不管怎样变换身体姿势，都会显得优美、自然（图6-3）。

图6-2

图6-3

图6-4

4. 行走姿势

行走是人生活中的主要动作，走姿是一种动态的美。“行如风”用来形容轻快自然的步态。正确的走姿是：轻盈而稳定，胸部要挺直，头要抬起，肩放松，两眼平视，面带微笑，自然摆动双臂（图 6-4）。

笔记

单元二 仪态美学与礼仪

一、仪态美学的构成

仪态美学是一种规范、修养和风度，不同于容貌和身材的美，它代表了更深层次的美。培根曾说过："相貌的美高于光泽的美，而优雅得体的动作美，又高于相貌的美，这是美的精髓。"因此，仪态美的构成可以从两个方面来注意：一是按照美的规律进行锻炼和适当的修饰打扮；二是注重个人内在修养，包括道德品质、性格气质和文化素养的培养，因为外在仪态美在很大程度上是内在心灵美的自然流露。因此，相对而言，后者比前者更为重要。

1. 仪表美

仪表美包括容貌美、体态美和通过服饰打扮所带来的修饰美。容貌美指的是面容、肤色和五官长相的美，是仪表美中最直观的部分，因此占有重要的地位。体态美指的是整体形态的美，是仪表美的基础。所谓"堂堂仪表"实际上就是指体态的美。修饰美对于强化容貌和体态美有着不可忽视的作用，因此是仪表美的重要组成部分（图 6-5）。

2. 姿态美

姿态美是指身体各部分在空间活动变化中展现出的外部形态的美。如果说容貌美和体态美是人体静态美的话，那么姿态美则是人体的动态美。一个人即使具有出众的容貌和身材，如果举止不当、姿态不雅，就不可能拥有完美的仪表美。

3. 气度美

气度美是指人相当稳定的个性特点，风度则是指人的言谈举止，体现了一种较高层次的展示。气度是内在美的性格特点的表现，它经过长时间的修养和陶冶而形成，并随着时间的推移而日渐完善，风度受气度的影响，是人内在精神的自然流露。只有气度和风度相辅相成，才能使人焕发出色彩和光芒。

图6-5

二、仪态美感的养成

1. 穿着适宜的服装

选择合适的服装可以瞬间改善身体形态，尤其对女性而言，不仅外衣，内衣的选择也很重要。通

笔记

过学习如何穿衣，整理衣物并淘汰不合适的服装，可以让人变得有气质。

2. 维持良好的姿势

保持正确的姿势需要长时间的培养。学习走路的正确姿势是一项挑战，根据舞蹈经验，需要逐步学习技巧，熟练掌握后再学习下一个技巧，通过良好的仪态训练改变姿势习惯。改变习惯需要时间，需要制订一个长期计划。

3. 锻炼健美的身材

锻炼身体是获得良好姿势的基础，包括柔软的筋骨、强健的肌肉和协调性。通过运动锻炼身体非常有用，穿内衣调整体型并不能达到理想效果，特别是女性应养成运动习惯，保持身体美丽状态。

4. 表达自信的肢体

肢体语言是通过头部、眼睛、颈部、手、臂部等身体部位的协调活动来传达思想的一种沟通方式。在仪态美学中，肢体语言可以支持、修饰或否定语言行为，有时甚至可以替代语言，表达难以言表的情感。要展现自信的肢体语言，需要摒弃不良习惯动作，许多人都有不良习惯动作，有些严重，有些轻微，如果存在这些不良动作，就难以展现自信的肢体语言。

三、礼仪的提升

礼仪的含义可以从广义上和狭义上来理解。广义上，礼仪指的是一个时代的规章制度。狭义上，礼仪指的是人们在社会交往中受历史传统、风俗习惯、宗教信仰、时代潮流等因素的影响而形成的行为准则或规范。这些行为准则或规范旨在建立和谐的关系，并得到人们的认同和遵守。

1. 礼仪的表现形式

现代社交礼仪是人们在社会交往中所遵守的行为规范和准则。它体现在礼节、礼貌、仪式和仪表等方面。

礼节即礼仪节度。礼本意谓敬神，后引申为敬意的通称。《礼记·儒行》：“礼节者，仁之貌也。”礼节指人们在社会交际过程中表示致意、问候、祝愿等惯用形式。

礼貌指人们在相互交往过程中表示敬重、友好的行为规范。

仪式泛指在一定场合举行的具有专门程序、规范化的活动。《说文解字》说：“仪，度也。”本意指法度、准则、典范。后引申为礼节、仪式。

仪表指人的外表，包括容貌、服饰、姿态、举止等方面。

总之，现代社交礼仪是现代人们用以沟通思想、联络感情、促进了解的一种行为规范，是现代交际中不可缺少的润滑剂。

2. 礼仪的作用与意义

礼仪需要遵循一定的规范和章法。在不同的地域中，要了解当地人的习俗和行为规范，并按照这些习俗和规范去行动，这才算是有礼貌。礼仪和胡作非为是完全不相容的。

礼仪准则是社会上人们约定俗成、共同认可的。在社会实践中，礼仪通常以一些不成文的规矩和习惯开始，然后逐渐发展为被大家认可的可以用语言、文字和动作来准确描述和规定的行为准则，成为人们可以自觉学习和遵守的行为规范。

注重礼仪的目的在于促进社会交往各方的互相尊重，从而实现人与人之间关系的和谐。在现代社会，礼仪能够有效展现一个人的教养、风度和魅力，体现一个人对他人和社会的认知水平和尊重程度，是一个人学识、修养和价值的外在表现。只有在尊重他人的前提下，一个人才能被他人尊重，人与人之间的和谐关系也只有在这种互相尊重的过程中才能逐步建立起来。

3. 礼仪对生活的提升

礼仪的提升对于生活的提高至关重要。要做到这一点，我们需要培养一颗善于理解他人的心，培养敏锐的感受力，遵守礼仪规范，关注社会和国际潮流，了解各国的风土人情和文化。在日常的家庭生活中，我们应该朝着国际化的方向去生活，比如在家里不要大声说话。虽然这只是生活中的一些小细节，但如果我们能做到这些小细节，去国外旅行时就会感到更加舒适，避免尴尬的情况发生。国际礼仪中讲究的很多都是生活中的小细节，因为这些细节是我们每天都会遇到的，也是一个很好的检验方式。同时，我们还要对自己的生活习惯进行适当的调整。礼仪只是一种手段，最重要的是通过这些礼仪提高生活的品质。

整体形象中仪态美学的地位

一个人的外表就是他的广告形象，即使他拥有很高的技能，但如果他看起来不像一个成功者，就不要奇怪为什么会错过很多好机会，也不要责怪为什么你的才华在别人眼中毫无价值。因为你的外表在向别人传达："我不追求卓越，我不注重品味，就像我不在乎自己的形象一样。"这是因为一个人的外表可以给人留下好印象，留下良好的"第一印象"，一个人的内在品质在很大程度上可以通过外表表现出来。

一、仪态美学是整体形象的一种外显方式

整体形象的外显方式是通过适时得体的衣着打扮、言谈举止和姿态来实现的。这些外显方式形成了一个人整体形象的"晕轮"或"光环"，而这种"晕轮"或"光环"的"亮度"或"强度"取决于仪态的具体表现是否恰到好处。恰到好处的仪态不仅能给人信任和好感，还能使合作过程充满和谐与成功。

笔记

仪态美学要求在一个场合亮相时，必须保持精神，注视对方，面带微笑，挺直身姿，这样才能显得自信。一个人的素质良好，会在生活的各个方面得到体现。而穿衣打扮马虎的人，往往在做事情时也缺乏规范性和整洁性，生活缺乏规律性，工作作风也缺乏条理性。具有较高审美素质的人，在生活中会展现出相应的美感，在工作中也会体现出美与和谐的艺术。较高的审美素质也会表现出较高的理性判断和悟性。一个人的内在素质，如能力、性格、作风等，可以通过工作生活中的表现全面展现出来，也可以透过外在形象风格来透露。反之，通过一个人在工作生活中展现出的行为方式、特征和现象，以及他的仪容仪表和形象风格，我们也可以感知和推断他的性格和内在素质。虽然这种推断有时会有误差，但人们通常习惯凭借自己的经验来感知他人，并根据这种感知来决定是否喜欢或厌恶他，进而决定是否选择与他交往或远离他。

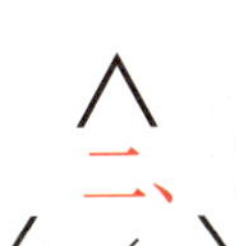

二、礼仪是整体形象的无形资产

礼仪是无形的整体形象资产，会使他人对你的评价产生影响。它有助于建立友好和谐的人际关系，并能够缓解和避免不必要的矛盾和冲突。

礼仪要求人们既要有善良的道德观念，又要有优雅得体的言行举止。因此，受过良好礼仪教育或注重礼仪修养的人，其人格将会得到提升。一个人如果从小就接受全面的礼仪规范教育训练，就能够塑造出高尚健康的人格。在现代社会中，每个人都需要处理与自身发展密切相关的内外关系，并塑造健康积极的个人形象。不断学习礼仪细节内容，培养学习、领悟、运用、记忆和遵循的精神，长期坚持实践。久而久之，个人的礼仪素养将会不断提升，同时也会对单位的社会形象产生良好的影响。礼仪具有凝聚情感的强大力量。

形象是一种整体的感受，即使容貌非凡，身材标准，但如果配上一副颓废的姿势和粗鲁无礼的行为，整体形象就无从谈起。仪态美学的意义在于通过整体形象的塑造，提升内在素质，打造优秀的职业形象。达•芬奇曾说："从体态可以感知人的内心世界，把握人的真实面貌，通常具有相当的准确性和可靠性。"如果一个人能够待人接物有礼有节，穿着得体，举止文明，谈吐优雅，就会提升整体形象。相反，如果一个人言辞粗鲁，衣冠不整，行为失礼，对人冷漠或傲慢无礼，就会损害自己的形象，在竞争中处于不利地位。从某种意义上说，仪态美学有助于提升整体形象，受到他人的尊重、礼遇和认同，反之则会引发敌对、抵触、反感甚至憎恶的心理。

三、整体形象中仪态美学案例

某互联网公司经理梁先生，年龄40岁，负责对接泰国的电商平台运营，需前往泰国进行洽谈，希望帮他规范符合泰国风俗，同时与会谈目的相符合的行为举止。基于梁先生的商务会面需要考虑到泰国的宗教信仰、商务文化，同时能体现他作为互联网公司经理的职业形象，以下是一份详细的行为举止方案，旨在帮助梁先生在泰国的商务洽谈中取得成功。

1. 服饰礼仪

商务正装：选择一套合身的深色系商务西装，以深蓝色或灰色为佳，搭配浅色衬衫和保守的领带，以传达专业和正式的态度；简洁的腕表、皮带和可能需要的眼镜应与整体装扮协调；搭配光面的皮鞋，展现专业形象。

适应热带气候：推荐使用透气性好的面料，保持舒适同时避免过多出汗。

细节注意：确保西装无褶皱，衬衫熨烫平整，鞋子擦亮，携带整洁的手提公文包，以体现细节的关注（图6-6、图6-7）。

图6-6

图6-7

2. 语言沟通

泰语问候：在可能的情况下学习并使用基本的泰语礼貌用语，即使是简单的词汇也能显示出尊重，如“Sawasdee krap/ka”（你好）和“Khop khun krap/ka”（谢谢）。

肢体语言：保持良好的姿态，背部挺直，不要弯腰驼背，坐下时应保持挺胸收腹，双脚平放地面。使用适当的肢体语言来辅助沟通，如点头、微笑等，但避免过多手势，以防文化误解，同时注意泰国人不喜欢直接的肢体接触，尊重这一点。

面部表情：保持微笑，眼神交流要自然，当对方讲话时点头表示认真聆听和理解。泰国被称为“微笑的国度”，在沟通中保持微笑是友好和尊重的体现。

笔记

3. 会议礼节

准时性：确保提前到达会议地点，展现对对方时间的尊重。

初见礼节：泰国人在问候时常做“合掌礼”，但作为外国人，微笑和点头通常就足够了。如果对方做了合掌礼，可以回以同样的礼节。

名片交换：使用双手交换名片，并在收到对方名片时稍作停留，认真查看，这是对对方的尊重。

文档准备：如果有任何文档或演示，应提前准备好，并确保有足够的副本供会议中的每个人使用。

电子设备：确保所有电子设备如手机已经调至静音模式以避免会议中断。

4. 商务交流

倾听：认真听取对方的意见和需求，避免打断他人讲话。

清晰表达：表达自己的观点时，语言要清晰、准确，避免使用过于复杂的专业术语。

尊重差异：对于文化和工作方式上的差异，展现出理解和尊重的态度。

5. 餐桌礼仪

餐前等待：如果有安排共餐，切记等待主人邀请入座后再坐，等待主人示意开始用餐。

饮食习惯：了解泰国的饮食习惯，避免使用左手吃饭或传递食物，因为在一些亚洲文化中，左手被认为是不干净的。

6. 会后行为

感谢信：会谈结束后，发送感谢邮件或信件，感谢对方的时间和接待。

后续跟进：明确会谈中的行动点，并在约定的时间内进行跟进。

这份方案在注重商务礼仪的同时，也考虑到泰国的文化特点，既展现了梁先生作为互联网公司经理的专业形象，也对泰国宗教信仰、商务文化等细节给予尊重，以期促进与泰国电商平台的良好合作关系。

思考练习题

1. 简述仪态美学的表现。
2. 简述礼仪的作用与意义。
3. 试述仪态美学的养成。
4. 试述整体形象中仪态美学的地位。
5. 请结合求职为自己制订求职礼仪方案。

整体形象塑造

素质目标

通过分析不同职业、不同环境、不同风格的整体形象塑造方案，引导学生对整体形象塑造的正确理解和实践，在美育浸润下提升学生的职业素养和设计能力，在设计实践中自觉传承优秀传统文化，在团队协作和共享创意环境中，树立并践行正确的人生观、世界观、价值观以及强烈的社会责任感。

学习目标

通过本模块内容的学习，使学生了解不同职业、不同环境、不同风格的整体形象塑造方案的设计，熟悉整体形象塑造中的定位，掌握不同职业、不同环境、不同风格的整体形象塑造目的及评价原则。

整体形象塑造是关于如何通过外在的着装、妆容、发型、身体语言等方面来表达一个人的内在品质、社会地位和个性特征的艺术。它不仅仅局限于日常生活中的着装打扮，更是在专业领域，如企业形象设计、公共关系、舞台表演和电影电视制作等方面的重要内容。整体形象塑造不只是美丽的追求，它更是一种自我表达和沟通的方式。

随着经济、文化的发展，以及审美能力的提高，人们已深刻认识到，完美的整体形象和正确的角色定位所表达的意义不仅是吸引他人目光或炫耀华服的奢靡，更重要的是通过形象直观地反映出个人的身份、地位、品味、素质等多个方面的内容，充分证明了人物整体形象的内涵和完整性，在生活和工作中扮演着重要角色。

笔记

单元一　生活形象塑造

生活形象塑造是指通过服装搭配、仪态行为、语言交流等多方面的综合调整，来提升个人形象和魅力，塑造一个积极向上、专业可信的个人形象。进行生活形象塑造是一个持续的过程，需要不断地自我反思和调整。在实际操作中，可以根据实际情况和需求，选择适合的方法和步骤，不断完善和提升个人形象。

生活休闲形象通常指的是一种轻松自在、舒适大方的个人外在呈现方式，它适用于日常生活中的各种非正式场合，如朋友聚会、家庭聚餐、逛街购物或者休闲旅行等。这种形象不仅体现在服装选择上，还包括个人的行为方式、消遣活动和整体生活态度。休闲形象的塑造不仅反映了一个人的生活态度和个性品味，还能够提升个人的舒适感和自信心。

生活社交形象是指个人在私人生活中与他人互动时所展现出的整体形象。这不仅包括个人在社交场合中的外在呈现和内在气质的综合体现，这通常包括着装、仪态、言谈举止、个人修养等多个方面。一个良好的社交形象有助于建立人际关系、提升个人魅力、增强社交信任感，对职业发展和个人生活都极为重要。社交形象的塑造是一个全面的过程，涉及多个方面。一个良好的社交形象能够帮助个体在不同的社交场合中更好地与人相处，建立积极的人际关系。

一、休闲形象塑造案例

某高校艺术设计专业教师，年龄 35 岁，艺术气息强，国字脸，棕色中长发（图 7-1），希望展现出自然、艺术范、精致的休闲生活形象。为了塑造这位艺术设计专业教师的周末居家休闲形象，可将重点放在舒适与个性的展现上。以下是为她制订的休闲形象塑造方案。

图7-1

（一）个人风格定位

强调其艺术设计的专业背景和精致生活，保持舒适、随性、轻松自然的气质。

（二）服装造型

1. 上衣

选择宽松舒适的上衣，如棉质或亚麻材

质的长款针织衫或T恤，增强穿着的舒适感。颜色可以选择柔和或是有艺术感的轻柔色调，服装上可以有一些具有艺术感的细节设计体现出艺术气息，如手工刺绣、特殊的剪裁等。

2. 下装

搭配一条宽松的休闲裤或居家运动短裤，颜色可以选择浅灰色、淡蓝色或其他温和的色调，会显得更加轻松自在。

3. 配饰选择

佩戴一些简约的手工艺品作为装饰，如夸张的耳饰或是手编的手链。选择一双设计简单、舒适的棉质拖鞋或软底家居鞋，以确保整个周末的放松和舒适。

图7-2

（三）发型与妆容

1. 发型

可以让中长发自然垂落，或是随性地扎成一个低马尾或松散的丸子头，保持一种轻松自然的气质。

2. 妆容

妆容保持最简约，如润色护唇膏和轻微的粉底或BB霜，营造出健康肤色。

（四）整体效果

这位艺术设计专业教师周末居家时的形象将是轻松自在且不失个性的。舒适的服装、柔和的色彩、简约而有艺术感的配饰，加上自然的发型和最简单的妆容，共同营造出一个优雅而有艺术气息的精致休闲生活形象。这不仅能让她在家中放松，也能随时迎接朋友的到访，展现出她作为一名艺术工作者的独特魅力（图7-2、图7-3）。

图7-3

笔记

二、社交形象塑造案例

上述这位艺术设计专业教师，周末应同事邀约参加一场设计沙龙，希望展现出知性、艺术范、专业知识丰富的社交生活形象。为了打造这位35岁艺术设计专业教师参加设计沙龙的社交形象，这里需要平衡专业性、艺术感与休闲风格，让她的装扮既适合社交场合，又不失个人特色。以下是为她制订的社交形象塑造方案。

（一）个人风格定位

强调其艺术设计的专业背景和知性美，呈现优雅而不失亲和力，符合社交氛围的专业形象。

（二）服装造型

1. 上衣

选择一件简约设计的丝质或者棉质连衣裙，可以是浅色调的，如米白色或淡蓝色，上面带有细微的艺术印花或者简单的抽象图案，这既显得专业又不失设计感。

2. 下装

连衣裙的下摆要显得有飘逸感。如上下分体装，可搭配一条高腰直筒裤或宽腿裤，颜色以基础色为主，如藏青色或黑色，以显瘦显高，同时也更加正式。

3. 外套

如果需要，可以选择一件剪裁合身的西装外套或简洁的长款开衫，颜色与下装保持协调，强调整体的专业感。

4. 配饰选择

佩戴简单的金属质感耳环或颈链，有设计感但不过分夸张。一款简洁风格的手表或一些细小的手镯可以增加知性的韵味。选择一个结构性强的手提包或简约风格的斜挎包，既能装下日常所需，又显得专业和时尚。

（三）发型与妆容

1. 发型

棕色中长发可以轻松打理成一个低马尾或优雅的半扎发，既符合休闲氛围，又不失专业形象。

2. 妆容

保持简约，使用裸色系彩妆，如浅棕色眼影、粉色腮红和唇彩，突出自然肤色，同时涂上透明或浅色指甲油。

（四）整体造型效果

这位艺术设计教师在设计沙龙的社交场合中将呈现出一种知性、艺术范、专业的形象。服装的选择既舒适又适合社交，配饰简约而有格调，发型与妆容都强调自然美。整体造型既不会过于正式导致僵硬，也不会太过休闲而失去专业感，完美地平衡了专业与艺术气质（图 7-4、图 7-5）。

图7-4

图7-5

单元二 职业形象塑造

职业形象塑造是指通过改善个人在职场中的外在形象和内在素质，以符合职业角色的期望和要求。这不仅涉及外表和着装，还包括职业技能、沟通能力、职业道德等各个层面。职业形象塑造是一个不断进步和调整的过程，需要结合个人实际情况和职业发展阶段来进行。通过不断学习和实践，逐渐建立并优化职业形象。

传统职业（教师、会计师、律师、医生、技术人员、新闻类主持人等）所面向的范围是一些大众人群，这就要求在相互的交流过程中，体现出来的职业形象是符合大众审美情

笔记

趣的。它遵循一定的审美规律，不是纯粹的个性表达，应符合职业需要，与工作环境相融洽。传统的职业形象定位，已经随着职业的完善与发展，在所在的工作环境中形成了一种固定的规则，并且得到大家的广泛认可，甚至作为所从事的工作的一种身份的证明。

非传统职业（广告、新闻平面设计、时尚节目主持人、设计师等）、新媒体从业者与传统职业在形象设计方面有很大的区别，由于职业的自由性和艺术性，它的工作环境是一个放松、能够充分发挥自己灵感的地方，形象设计没有固定的模式，相对而言比较自由，偏重于自己的个性表达。

二、传统职业形象塑造案例

某服装公司技术部负责人，年龄 40 岁，业务熟练，棕色中短发，妆容精致，工作期间希望展现出专业、敬业、严谨的职业形象。其作为一家服装公司技术部的负责人，她的职业形象塑造非常重要，因为这直接影响着她的权威性和团队的专业感受，为了塑造其职业形象，需要从着装、妆容、发型以及行为举止等多个角度入手。以下职业形象方案可让她展现出专业、敬业和严谨的职业形象。

（一）个人风格定位

强调其职业女性的干练气质，呈现权威的职业形象，让团队成员感到安心，同时给人以专业和有条不紊的印象。

（二）着装

1. 服装选择

选择传统的职业装，如定制的西装套装，包括西装外套和合身的裙子或西裤。确保衣物面料高档、剪裁得体、线条流畅，这既展现专业形象也突出女性的力量感。

2. 服装色彩

颜色上可以选择深色调，如深蓝色、墨绿色或经典的黑色，这些颜色通常与专业性和权威性联系在一起。

3. 服饰配件

简洁的珠宝，如珍珠耳环或细小的金属项链，可以增添一定的精致感。同时，选择高品质的手表来展现对时间管理的重视。

（三）妆容

1. 基础妆容

选择遮瑕效果好的粉底液，确保肤色均匀，展现出干净利落的面容。

2. 眼妆

可以适当强调眼妆，使用深色眼线和睫毛膏，使眼神更为有神和专注，眼影保持深棕色调或灰色调的自然过渡。

3. 唇妆

使用自然或略带专业严肃感的唇色，如玫瑰豆沙色或深红色。

4. 腮红

腮红色调自然，避免用太过鲜艳的颜色。

（四）发型

1. 发型设计

保持一款干练的中短发发型，可以是简洁的鲍伯头或者整齐的短发，也可以选择将长发盘起，这样的发型不仅易于打理，而且可以展现出职业女性的干练气质。

2. 发色

维持自然的棕色调，避免过于夸张的染发色。

（五）体态与举止

1. 姿态

始终保持直立的姿势，头高昂，肩膀微微后拉，展现出自信和专业的形象。

2. 表情

在工作中，保持冷静和专注的表情，这样可以让团队成员感到安心，同时给人以专业和有条不紊的印象。

（六）整体造型效果

传统职业形象应该是专业严谨、权威而不失温和，通过精致的妆容、专业的着装和自信的体态，营造出一个服装公司技术部负责人应有的专业形象。这样的形象不仅有助于在团队中树立权威，也有利于在外部交流和业务谈判中展现公司的专业水准（图7-6、图7-7）。

二、非传统职业形象塑造案例

某时尚节目主持人，年龄40岁，业务熟练，棕色中短发，妆容精致，节目主持期间希望展现出专业、敬业、互动性强的职业形象。对于一位时尚节目主持人来说，职业形象的塑造既要体现专业性和敬业精神，又要强调个人魅力和互动性。为了塑造其职业形象，需要从着装、妆容、发型，以及行为举止等多个角度入手。以下职业形象方案可让其展现

图7-6

Times News
Times News
Is this the food that is making us all fat?

图7-7

出专业、敬业、互动性强的职业形象。

（一）个人风格定位

强调其时尚女性的个人魅力，通过与观众建立联系，能够增加节目的吸引力和观赏性，同时给人以专业且亲和的印象。

（二）着装

1. 服装风格

以时尚前卫为主，选择流行元素较多的服装，如设计独特的连衣裙或时尚套装，并在细节上展示创意，例如采用旗袍立领、独特的袖口设计等。

2. 颜色搭配

大胆使用颜色，例如色块拼接或流行的色彩搭配，以吸引观众的眼球。

3. 配饰选择

选择具有设计感的配饰，来增加整体造型的时尚感和互动性，如个性耳钉等。

（三）妆容

1. 基础妆容

使用能够打造出光彩照人肤色的粉底，保持肌肤看起来健康有光泽。

2. 眼妆

眼妆可以更为夸张一些，使用流行的眼影色彩或者加上亮片，增强电视荧幕的吸引力。

3. 唇妆

可以尝试不同的唇色，根据节目主题或者服装风格变化，使妆容更具层次感。

4. 腮红

使用能够提亮肤色的腮红，营造出健康的气色。

（四）发型

1. 发型设计

维持中短发，但可以尝试不同的造型，如时尚的短发卷发、波波头或者利落的偏分发型，以展现时尚感。

2. 发色

可以尝试时下流行的发色，或者使用温和的挑染技术，以增加层次感和时尚感。

（五）体态与举止

1. 举止

使用开放和热情的肢体语言，以促进与观众的互动和连接。

笔记

2. 表情

保持微笑，眼神要活跃，表情丰富，以传达节目的活力和热情。

（六）整体造型效果

作为一位时尚节目主持人，需要突出时尚感、专业性和互动性。通过大胆的服装选择、富有创意的妆容、时髦的发型以及热情、开放的举止，她不仅能够吸引观众的注意力，也能够有效地与观众建立起联系，增加节目的吸引力和观赏性。这样的形象塑造有助于她在时尚领域树立专业且亲和的主持人形象（图 7-8、图 7-9）。

图7-8

图7-9

单元三　舞台影视形象塑造

舞台影视形象是指演员在舞台剧、电影、电视剧等表演艺术中呈现给观众的角色形象。这种形象的塑造是一个复杂的创造过程，涉及角色的内在性格塑造、外在形象设计以及演员本人的演技培养等多个方面，是多个专业领域紧密合作的结果。它通过服装、化妆、动作和言语表达等元素来生动地塑造角色，从而传递角色的性格特点和推动故事情节的发展，使观众在视觉和情感上得到满足。

戏剧舞台形象是舞台艺术中一项至关重要的工作，它通过视觉和听觉的手段，帮助观众理解和感受剧本中的角色和故事。这种形象的塑造不仅仅是为了美观，更重要的是要服务于故事的讲述和深层次的主题表达。它需要通过演员表演、服装设计、化妆、舞台设计、灯光和音效等多种艺术形式的有机结合，跨越语言和文化障碍去触动观众的内心，传递普遍的人性和情感。

演艺舞台形象是指在舞台表演中，通过视觉艺术、表演艺术和技术手段相结合，为观众所呈现的演员或表演者的整体形象。这包括但不限于戏剧、音乐剧、芭蕾舞、现代舞、歌剧、杂技等多种形式的舞台表演。演艺舞台形象的塑造需考虑目标观众的喜好和文化背景，通过一系列复杂的创意过程和技术实施，发挥形象塑造在传递故事、展现角色和创造观众体验方面的重要作用，为观众带来视觉和情感上的享受。

影视形象指的是在电影、电视剧、网络剧、纪录片等影视作品中，通过演员的表演、化妆造型、服装道具、摄影灯光以及后期制作等多方面的综合创作而塑造的角色形象和视觉风格。影视形象的塑造是一个跨学科、跨领域的创作过程，需要导演、演员、摄影师、美术设计师、造型师、音乐家等多方面的专业人员协同合作。通过形象塑造为观众传达故事情节、角色性格、营造氛围情绪和推动剧情发展。

一、戏剧舞台形象塑造案例

昆曲《牡丹亭》是中国传统戏曲中的经典剧目，由明代剧作家汤显祖所作。剧中的杜十娘是一个历经爱情悲欢的传统女性形象，她的故事是《牡丹亭》中的重要线索之一，剧中温柔、柔顺、稳重的她，为了追求爱情，敢于反抗，敢于斗争，表现了青年男女冲破封建思想束缚的战斗精神。戏剧舞台人物形象设计是为了通过视觉元素让角色的性格特点、故事背景和剧中关系得以表现。对于该角色的形象塑造涉及剧本分析、角色塑造、化妆服装、身段动作和唱念做打等方面。这个过程不仅需要创意和艺术性，还要考虑实际操作和舞台效果（图7-10、图7-11）。以下是设计方法和实操步骤。

（一）角色特点

1. 杜十娘的基本形象

在《牡丹亭》中，杜十娘是个年轻、美丽的女子，出身于官宦家庭。她性格温柔、柔顺，但内心藏着坚定的情感和对封建礼教的不满。她秉持纯真的爱情观，梦中邂逅了心中的白马王子柳梦梅，从而展开了一段跨越生死、冲破封建束缚的爱情故事。

2. 杜十娘的性格特点

温柔、柔顺：在封建礼教的压制下，杜十娘表面上是一个守规矩、温顺的女性，她的行为举止体现了传统女性的典范。

图7-10

图7-11

稳重：她的举止谨慎，不轻易表露情感，即使心中有着强烈的感情波动，也能够保持一定的稳重和内敛。

敢于反抗和斗争：内心深处，杜十娘对封建束缚感到不满和反抗。为了追求自己真挚的爱情，她不惧风险，甚至愿意挑战传统社会的禁忌。

战斗精神：她象征着青年男女冲破封建思想束缚的战斗精神。在剧中，她的爱情观念和行为代表了对自由和个性的追求。

3. 杜十娘的代表段落

在《牡丹亭》的多个著名段落中，如“游园惊梦”、“拾画”等，杜十娘的形象逐渐从一个守规矩的女子转变为一个为爱痴狂的女性。她的内心戏是剧中的高潮，她的唱词富有诗意，旋律优美，通过昆曲独特的唱腔和身段，展示了她复杂而深刻的情感世界。

（二）设计方法

1. 剧本分析

仔细阅读《牡丹亭》剧本，理解角色特性、故事情节、时代背景以及作者意图，弄清楚角色之间的关系和角色在故事中的发展变化。

2. 角色研究

深入研究杜十娘这一角色的社会地位、职业、性格、动机等，考虑演员的年龄、性别、身体特征等对杜十娘形象设计的影响。

3. 视觉创意

根据杜十娘这一角色特性和剧本需要，构思角色的视觉形象，包括服装、化妆和头发。

4. 风格统一

确保杜十娘这一角色设计与整体剧目的风格和主题一致。注意服装、化妆和发型的风格应与舞台设计、灯光等其他视觉元素协调。

（三）实操步骤

1. 制作概念板

收集相关的图像、材料样本以及颜色方案，制作角色形象的概念板，确定风格、色彩、图案、质地等设计元素。

2. 草图设计

绘制服装草图，展示服装的款式、线条和结构。设计化妆和发型草图，确保与服装和角色形象相匹配。

3. 服饰

与服装制作部门合作，制作样衣，演员试装时，注意服装的舒适度、活动性以及视

笔记

觉效果。根据杜十娘的身份，她的服装应是富贵的明制女装，服装造型选择凤仙袄、马面裙、宽大的水袖等，既能展示她的身份地位，也适合于昆曲表演中的舞蹈动作。采用质地轻盈且颜色鲜艳的绸缎，色彩选择代表贵族的深红色、粉色或者湖蓝色等柔和色系，图案选用象征富贵和美丽的牡丹图案，体现杜十娘的年轻和活泼。手持的配饰苏绣团扇，作为表演中表情和情绪传递的辅助道具。

4. 妆容

与化妆师合作，完成杜十娘这一角色的化妆，确保在舞台灯光下效果符合预期。昆曲中的女性角色妆容往往非常细腻，杜十娘的妆容是典型的“京剧丹凤眼”和“樱桃小口”，面部妆容以白色为基调，腮红自然，眉毛细长而上扬，整体妆容清新而不失庄重。

5. 发型

与发型师合作，完成杜十娘这一角色的发型设计，确保在舞台灯光下效果符合预期。杜十娘的头饰应是古典优雅的，使用明代妇女的发型，例如云鬓，并搭配上一些细致的发簪、步摇等金银首饰，这些饰品既要展现她的家世背景，也要符合她温婉的性格。

6. 彩排调整

在舞台上进行彩排，观察服装、化妆和发型与灯光、布景的配合效果。依据彩排反馈做出最后调整。

7. 现场支持

确保在正式演出前和演出期间，每场都有完整的人物形象准备，并能做到快速处理现场可能出现的任何问题，如服装破损、妆发脱落等。

（四）注意事项

功能性：舞台服装不仅需要美观，更要确保演员可以自如地表演，包括舞蹈、场景等。

可视性：服装和化妆需要适应舞台灯光，确保观众即使在后排也能清楚看到角色特征。

便捷性：设计时考虑角色换装的便捷性，特别是在需要快速更换服装的剧目中。

耐久性：由于剧目可能连续演出多天，服装和道具的耐久性要求较高。

二、演艺舞台形象塑造案例

《胡桃夹子》是由列夫•伊凡诺夫编导，柴可夫斯基作曲的俄罗斯古典芭蕾舞剧。杂技版《胡桃夹子》在尊重德国作家霍夫曼原著思想的基础上，以现代艺术视角诠释东西方文化，首次使用中国杂技艺术全新演绎西方经典芭蕾舞剧，剧中天真可爱却孤独无助的小女孩玛丽，在魔术师的帮助下，战胜自我，告别孤独，和她的玩偶胡桃夹子用爱与勇敢的力量击败邪恶，破除诅咒，共同拥抱美好爱情的浪漫故事。演艺舞台人物形象设计目标是为了让每个角色的形象与其性格、剧情背景和演出的风格保持一致。杂技版的《胡桃夹子》是将传统芭蕾舞剧与杂技艺术结合的创新演出，这种演出往往在视觉效果和动作设计上更加惊险刺激。在这类演出中，玛丽的形象塑造在服装、化妆、头发造型等方面，需要结合杂技元素与传统芭蕾剧情，确保角色形象既符合原著精神，又能适应杂技的表演要求（图7-12、图7-13）。以下是设计方法和具体的实操步骤。

图7-12

图7-13

（一）角色特点

1. 玛丽的基本形象

在《胡桃夹子与老鼠王》原著和《胡桃夹子》芭蕾舞剧中，玛丽是一个充满好奇心和想象力，处于青春期的年轻女孩，并保持着一颗纯洁的心灵和孩童般的无邪。在杂技版中，玛丽是一个具有高度灵活性、力量和平衡感的角色。她的动作会比传统芭蕾版本更为大胆和富有挑战性。在故事叙述和发展上有所简化，以适应快节奏和视觉震撼为主的杂技演出，情感则通过更加夸张的身体语言和面部表情来表达。

2. 玛丽的性格特点

尽管杂技版《胡桃夹子》与芭蕾舞剧的《胡桃夹子》表现形式不同，但玛丽的性格核

笔记

心仍然是冒险精神和纯真不变。在杂技版中，这些特质可能通过更加动感的表演形式来体现。

3. 剧目成就

《胡桃夹子》作为一个著名的童话故事，自柴科夫斯基将它改编成芭蕾舞剧搬上舞台，一个多世纪以来已经成为经久不衰、家喻户晓的世界经典芭蕾舞剧之一。

（二）设计方法

1. 剧本分析

阅读原著和芭蕾舞剧剧本，分析杂技版《胡桃夹子》剧本，了解玛丽的性格特点、故事背景及其在故事中的角色发展、情感走向和关键事件。弄清楚角色之间的关系和角色在故事中的发展变化。

2. 角色研究

深入研究剧本和玛丽这一角色在故事中的作用，理解故事情境和性格特征。考虑演员的年龄、体能、专业技巧等对玛丽形象设计的影响。

3. 视觉创意

根据玛丽这一角色特性和剧本需要，构思角色的视觉形象，包括服装、化妆和头发。

4. 风格统一

确保玛丽这一角色设计与整体剧目的风格和主题一致。注意服装、化妆和发型风格应与舞台设计、灯光等其他视觉元素协调并兼顾杂技表演需求。

（三）实操步骤

1. 制作概念板

收集相关的图像、材料样本以及颜色方案，制作角色形象的概念板，确定风格、色彩、图案、质地等设计元素。

2. 草图设计

绘制服装草图，包括服装、头饰和其他配饰，展示服装的款式、线条和结构。设计化妆和发型草图，确保与服装和角色形象相匹配。

3. 服饰

与服装制作部门合作，在分析杂技表演的需求，如在灵活性、安全性等基础上，根据草图挑选柔软且具有良好延展性的面料制作服装，制作时要根据演员的身形和杂技动作需求进行调整，保证演员在做杂技动作时不受限制，以便演员可以自如地完成各种杂技动作。服装的造型和色彩要符合《胡桃夹子》的奇幻主题。

4. 妆容

与化妆师合作，根据舞台灯光和观众视角，为玛丽这一角色设计相应的化妆和其他细节，强调她的稚嫩和纯真，确保造型符合角色形象并能兼顾杂技表演的需求。

5. 发型

与发型师合作，为玛丽设计符合角色形象的紧固发型，配以轻便且不易脱落的头饰，以免在杂技动作中造成不必要的麻烦。

6. 彩排调整

在彩排中检查服装、化妆和发型等设计元素能否完美呈现，是否符合视觉冲击力和表演安全，实际表演中的效果和功能性。根据舞台效果和演员反馈进行适当调整。

7. 现场支持

确保在正式演出前和演出期间，每场角色形象的完整性和连贯性，并能做到快速处理现场可能出现的任何问题，如服装破损、妆发脱落等。

（四）注意事项

安全性：确保演员的服装符合杂技表的需要，能够保证安全和便于活动。

可视性：服装和化妆要能够适应舞台灯光，远处观众也能分辨。

柔软性：确保演员在做杂技动作时不受限制，设计时要考虑服装面料的柔软性。

耐久性：考虑服装的耐久性，以及在演出周期内的维护清洁问题。

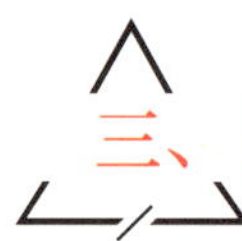

三、影视形象塑造案例

《大山里的女校》是一部以真实事件为背景的电视剧，讲述了一位名叫张桂梅的校长在云南大山里，创办了一所专为女孩提供教育的学校——兰坪一中的故事。这部剧聚焦于张桂梅与她的学生们，展现了她们在面对重重困难时所表现出的坚韧和毅力。张桂梅校长是一位在云南省兰坪白族普米族自治县创建了专门为女孩提供教育的学校的教育家，她的故事充满了坚持和奉献，是教育改变命运的典范。影视人物形象设计涉及角色的外貌、服装、化妆、发型以及道具等方面。设计过程既要符合剧本和导演的创意，也要考虑到演员的特点和整体艺术风格。为了还原张桂梅校长的真实形象，需要将张校长坚韧和执着的性格特点以及她伟大教师的形象，包括她的言行举止、眼神交流等体现在造型设计中，以此来表达对这位教育家的深深敬意（图7-14、图7-15）。以下是设计方法和具体的实操步骤。

（一）角色特点

1. 角色背景和故事线索

张桂梅的故事背景设定在云南山区的一所学校，她是一名普通的校长，但拥有不平凡的决心和毅力，致力于为山区儿童提供教育机会。

图7-14

图7-15

笔记

2. 角色性格特点

张桂梅不畏艰难，面对困境始终保持坚定的态度，她的形象应体现出这种不屈不挠的精神。作为一名教师，张桂梅将自己的一生献给了教育事业，形象设计应传达出她的无私和奉献精神。

3. 情感表达和故事叙述

通过角色与学生、家长、同事之间的互动来展现张桂梅性格的多面性，以及她对教育的信念和情感投入。采用回忆和现实交织的叙事手法，穿插张桂梅个人的牺牲与成就，强化角色的内心世界和情感深度。

（二）设计方法

1. 剧本分析

阅读《大山里的女校》剧本，分析张桂梅个人成长的故事线，以及她如何影响学生和周围社区的多条故事线。了解张桂梅与学生、家长、同事以及村民之间的复杂关系，特别是她如何克服这些人对女性教育的成见和偏见。展示张桂梅如何用智慧和坚韧解决女性教育偏见、地方保守思想、资源匮乏冲突问题。

2. 角色研究

深入研究剧本和张桂梅这一角色坚忍不拔的性格和她对教育的执着，理解故事情境和性格特征。考虑演员的年龄、形象、情感表现等对张桂梅形象设计的影响，尤其是张桂梅在面对困难时的挣扎和成长，以及她如何逐渐赢得他人的尊重和支持。

3. 视觉创意

根据张桂梅这一角色特性和剧本需要，构思角色服装、化妆和发型等视觉形象。选用大山的自然风光与贫瘠的学校环境形成鲜明对比，突出主角在艰苦环境中坚守的形象。摄影采用质朴的色彩和自然光线，传达剧集的质感和氛围。

4. 风格统一

确保张桂梅这一角色设计与整体剧目的风格和主题一致。注意服装、化妆和发型风格应符合时代背景、地域特色、职业形象等相关资料，与场景设计、灯光等其他视觉元素协调。

（三）实操步骤

1. 制作概念板

收集相关的图像、材料样本以及颜色方案，制作角色形象的概念板。确定风格、色彩、图案、质地等设计元素。

2. 草图设计

绘制角色形象草图，包括服装、头饰和其他配饰（道具），展示服装的款式、线条和结构。设计化妆和发型草图，确保角色形象与时代、环境、职业等相匹配。

3. 服装设计

张桂梅的服装设计应体现服装的简朴和耐用，使用不易磨损的面料，如粗布或棉麻质地，颜色选择朴素稳重如土色、深绿色或藏蓝色来体现其严肃的教育态度。日常服装是实用、耐磨、符合当地气候的。干净整洁的衬衫搭配棉质或麻质的长裙（或长裤），一条腰间挂着钥匙的简单腰带，以示她对学校的守护和责任。在特定情节中，比如教学或户外活动时，可穿着一件简单的工作服或者带有学校标志的校服上衣，以体现其在艰苦环境下的教书育人。

4. 发型设计

发型简洁方便打理，如扎成一个低马尾或者简单的发髻，凸显其不浪费时间在个人装扮上，将全部精力都投入到教育事业中。

5. 妆容设计

张桂梅的妆容应体现朴素自然，强调天然肤色，妆面只用最基本的防晒霜和润唇膏。面部表情丰富，通过淡淡的笑容和坚定的眼神展现其内心的温暖和坚强。

6. 道具设计

可将一些教学资料、课本或学生作业等作为道具随身携带，凸显她的教师职业身份。可设计一些场景中的个人物品，如一只磨损的老旧皮包装满了试卷和笔，显示她工作的辛勤和不懈。手表是一个重要的道具，象征着时间的重要性和对教学时间的尊重。

笔记

7. 体态举止

发现张桂梅这一角色特有的一些典型身体语言和行为习惯，如双手背在背后，目光温和而坚定地注视着学生。表情中要体现出坚忍和慈爱，以及在面对困难时的坚定和淡定，肢体语言要展现她的活力和教学时的热情，以及对学生的关怀和认真的态度。

8. 试装定妆

制作样衣后进行试装，确保服装大小适合演员身形，方便活动且符合角色设定；化妆造型师进行试妆，确保化妆、发型等符合角色设定。收集演员和创作团队的反馈结果，及时调整细节并拍摄定妆照，拍摄现场进行最后的调整，如服装的微调、妆容的补充等。拍摄过程中，场景师和造型密切配合，确保造型的连贯性和适应不同拍摄环境的需求。

（四）注意事项

根据拍摄进度，记录每天的造型情况，包括服装的清洁保养、道具的完整性检查等可能出现的问题和解决办法。收集导演、演员以及团队的反馈，进行造型的日常维护和调整，以确保设计能满足艺术和实用的需求。设计过程不是孤立的，需要与场景、道具、灯光等其他部门密切配合。

单元四　创意形象塑造

创意形象塑造是指通过艺术和设计手段创建一个独特、具有辨识度和吸引力的虚构角色的过程。这个过程不仅仅是视觉上的设计，还包括角色的性格、背景故事、行为动机和在其所处世界中的角色发展。一个成功的人物形象塑造可以使角色在观众或读者心中产生共鸣，甚至成为文化符号或品牌形象的代表。

T 台创意形象塑造在时尚界通常指的是为时装秀设计并展示的模特角色形象，这些形象旨在突出服装的风格、主题和创意构想。在 T 台时装秀中，人物形象的塑造不仅仅局限于服饰本身，而是一个全方位的表达，包括模特的妆容、发型、走秀风格甚至是表演元素。这种创意人物形象的塑造是为了加深观众对时尚品牌或设计师视觉故事的理解。

广告创意形象塑造是指在广告中设计和构建独特的角色或形象，以有效传达产品特点、品牌价值和广告信息，同时吸引目标受众并引起其共鸣的过程。这些人物形象可以是现实中的人物、虚构的角色、动画人物或代言人等。广告创意人物形象的成功塑造，可以极大地提升广告效果，增加品牌的可见度和记忆点，同时也有助于品牌形象的长期建设。

大赛创意形象塑造是一个特定的艺术创作过程，它涉及在模特或参赛者的脸上或身上创作出独特的造型效果，这些效果往往是为了展示设计师的技艺、创意和对人物造型设计的理解。在这种场合下，人物形象的塑造不再只是为了美观，而是为了通过形象来讲述一个故事、传达一个概念或表达某种情感。

一、T台创意形象塑造案例

一位时装模特，身材比例协调、曲线丰满、腿部修长，面部特征性感中带着浪漫，自信帅气中带着超脱（图7-16），拟参加中国国际时装周2025春夏流行趋势发布会。时装秀通常围绕一个特定主题或故事概念进行，人物形象的塑造需要贯穿这一主题，增强故事性，为打造时装模特独特创意和深刻文化内涵的T台形象，以便在中国国际时装周2025春夏流行趋势发布会上脱颖而出。以下是一个详细的形象塑造案例。

图7-16

（一）主题概念

“东方印象，现代风潮”——结合东方元素与当前流行趋势的融合，创造一个既有传统韵味又不失现代时尚感的形象。

（二）服装设计

1. 上衣

选用柔软丝质材料，采用中国传统的旗袍改良设计。旗袍高开叉，展现模特修长的腿部线条；颜色以淡雅的春季色调为主，如柔和的桃花粉或淡紫色，以呈现浪漫气息。

2. 下装

与旗袍上衣相对应，设计一条高腰宽腿裤，裤脚处使用透明或半透明的轻纱材料，增加轻盈感，同时也体现出模特的性感特征。

3. 配饰

使用具有中国传统特色的配饰，如简约风格的玉石耳环和手链，不仅点缀整体造型，也增添了一份东方神秘感。

（三）造型设计

1. 发型

选择一款简洁大方的低马尾或发髻，以展现模特的自信帅气；发饰可用含有传统元素的发簪作为点缀。

笔记

2. 化妆

侧重于突出模特面部的性感特征，采用自然透明的底妆，淡雅的眼妆配合细致的眉型，唇妆则选用接近自然唇色的亚光口红，增添一抹柔情。

（四）表现手法

T 台走秀时，模特的步伐应平稳而充满力量，体现出自信与超脱的气质。在转身和停顿的瞬间，应恰到好处地展示服装的飘逸与个人的魅力。针对中国国际时装周的国际性质，模特可以在 T 台的某个环节展示一段简短的中国古典舞蹈元素，比如手臂的曲线动作，将东方美学与时尚完美结合。

（五）整体效果

通过形象塑造，模特在中国国际时装周的 T 台上将呈现一个既有东方优雅韵味又不失现代都市感的独特形象，展现出一个性感中带着浪漫，自信帅气中带着超脱的多重气质。这样的形象塑造无疑将使她成为焦点，增加媒体曝光率并留给观众深刻的印象（图 7-17、图 7-18）。

图7-17

图7-18

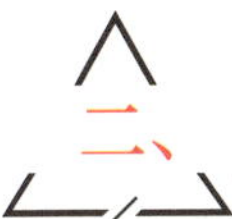

二、广告创意形象塑造案例

广告模特身材比例匀称、曲线丰满、腿部修长，中长发，面部特征清新甜美，时尚中带着青春气息（图7-19），应邀担任宣传片《江南美》的出镜模特。广告创意人物形象的成功塑造，可以极大地提升广告效果，增加品牌的可见度和记忆点，同时也有助于品牌形象的长期建设。为打造模特在宣传片《江南美》中展现其清新甜美、时尚而充满青春活力的特质（图7-20、图7-21）。以下是一个详细的创意形象塑造案例。

图7-19

（一）广告主题概念

“江南水墨，青春绘卷”——通过结合江南水乡的柔美与现代青春的活力，打造一个仿佛从水墨画中走出来的现代少女形象。

图7-20

图7-21

（二）服装设计

1. 主服装

选用轻盈飘逸的连衣裙，设计灵感来源于江南特有的水乡特色。色彩采用淡雅的白色、湖蓝或嫩绿色，或者这几种颜色的渐变，以体现江南水乡的清新感。裙身可采用中国

笔记

风的印花设计，或加丝带、盘扣等元素，展现青春的甜美感和民族风。

2. 配件

使用简约而现代的饰品，如银色或珠光的耳环、手镯，以及一双简洁的白色凉鞋或帆布鞋，增加时尚感同时不失青春的轻快。

（三）造型设计

1. 发型

模特的中长发可以设计成自然微卷的形态，营造出一种随风摇曳的感觉，与江南的水墨意境相得益彰。可以使用一些简单的发饰，比如发带或者小巧的发夹，增添一抹俏皮感。

2. 化妆

以自然清新为主，突出模特面部的甜美特征，采用淡淡的粉底，裸粉色或淡桃色的腮红，以及亮丽的唇彩，呈现出青春的活力和生机。

（四）广告拍摄方案

1. 拍摄地点

选择江南的典型水乡古镇作为拍摄背景，利用其独有的石桥、小巷和流水作为自然布景。

2. 拍摄风格

采用明快的色调和光影，结合自然的环境光，捕捉模特在古镇中漫步、乘船或与当地人互动的瞬间，展示她的自然美以及与环境的和谐共融。

3. 拍摄内容

广告宣传片中可以包含模特在江南水乡的多个场景中，如古石桥上遥望，小巷中微笑，船头前俏皮的摆姿，或是在茶馆中品味当地特色，展现其清新甜美与时尚青春兼备的画面。

（五）音乐与剪辑

使用轻快的音乐作为背景，如古典弦乐与现代节奏的混合，营造出既有传统韵味又不失现代感的氛围。剪辑上，以流畅的镜头转换配合模特的动作，展现她的每一个动作都如同一幅幅生动的江南美景。

（六）整体效果

通过形象塑造，模特将展现出清新甜美又不失时尚青春的特质，同时也展示了江南水乡的独特魅力，充分符合《江南美》宣传片的主题需求。通过这样的创意塑造，模特不仅能以其个人魅力吸引观众，还能使产品与江南文化紧密相连，提高广告的艺术感和感染力。

三、大赛创意形象塑造案例

形象设计师敏君，拟参加全国化妆职业技能大赛，设计主题《华烁》，灵感来源于对龙图腾的崇拜，敏君为了能在全国化妆职业技能大赛中取得优异成绩，她围绕《华烁》这一主题，提炼出一套具有中国传统元素和现代审美结合的人物造型方案。该造型不仅能在大赛中展现自己的化妆技艺，更能表达出对中国传统文化的热爱和现代审美的追求，使得造型作品具有极高的艺术价值和文化内涵（图7-22、图7-23）。

图7-22　　图7-23

（一）主题阐释

《华烁》寓意璀璨夺目、华美灿烂，取其意象于中国传统的龙图腾，体现龙的尊贵与力量。在这个主题下，我们将塑造一个融合中国古典美学和现代艺术设计的人物造型，让龙的崇高与神秘通过化妆技艺展露无遗。

（二）设计构思

1. 设计理念

通过现代化妆技艺赋予龙的图腾以新的生命，不仅展现其传统文化的底蕴，还要注入时代感和艺术创新。

2. 色彩搭配

采用龙的传统色彩——金、黑、红为主色调，营造出华贵而神秘的视觉效果。

笔记

3. 纹样设计

将龙鳞、龙爪、龙须等元素抽象化，设计成图案和纹理，用于服装和化妆的细节之中。

（三）化妆造型

底妆保持皮肤的自然质感，但在颧骨或太阳穴处用金色或红色高光，模拟龙的光环与霸气。眼妆以金黑色为主，大面积晕染，用尖锐的眼线勾勒出龙眼的锋利，睫毛也可粘贴特制的仿龙鳞假睫毛，增添威严与神秘。唇妆则选用金色或暗红色，塑造出不同寻常的气质。脸部的一侧或颈部可以用特殊化妆技术绘制出龙鳞的纹理，增加造型的震撼力。

（四）发式造型

发型设计上，借鉴龙角和龙须的形象，可以将模特的发丝编织成几缕粗大的辫子，代表龙须，头顶则可以设计两个高耸的髻，象征龙角。使用金色或黑色的发饰进行装点，与服装的色彩相呼应。

（五）服装造型

服装选用流体性强的绸缎材质，以金色为主，配合黑色和红色的点缀，体现出龙的华丽与神圣。设计上，结合现代剪裁手法，如高腰线、层叠裙摆等，提炼龙的流线型造型，营造出动感和力量感。服装的细节装饰上，可以使用金色鳞片状的亮片，模拟龙鳞的质感，同时增加服装的华烁效果。

（六）整体效果

整体造型突出《华烁》主题，确保每个细节都精致、每个元素都和谐地融入整体设计中。在大赛模特走秀表情中透出高贵与自信，如同龙的威严与力量，完美展现《华烁》主题的内涵。灯光和音乐的运用也突出主题，用华丽的灯光效果和激昂的音乐，使现场的氛围与造型相得益彰，让观众深刻体会到龙文化魅力与时代精神。

思考练习题

1. 完成 1 款生活形象塑造实践，形成图文并茂的设计报告。
2. 完成 1 款职业形象塑造实践，形成图文并茂的设计报告。
3. 完成 2 款舞台影视形象塑造实践，形成图文并茂的设计报告。
4. 完成 2 款创意形象塑造实践，形成图文并茂的设计报告。

参考文献

[1] 周生力主编. 形象设计概论. 北京：化学工业出版社，2022.

[2] 金正昆著. 商务礼仪. 北京：北京联合出版公司，2019.

[3] 周生力主编. 整体形象设计. 北京：化学工业出版社，2018.

[4] 李小凤，周生力主编. 服饰形象设计. 北京：化学工业出版社，2016.

[5] 吴旭，杜锌主编. 发型设计与梳妆. 北京：化学工业出版社，2014.

[6] 徐苏，徐雪漫主编. 服装设计基础. 北京：高等教育出版社，2013.

[7] 朱琴，安婷婷主编. 服饰形象装扮艺术. 北京：化学工业出版社，2011.

[8] 君君著. 创意化妆造型设计. 北京：中国轻工业出版社，2010.

[9] 周生力主编. 服饰设计与形象塑造. 北京：化学工业出版社，2010.